水草缸造景设计

从零开始打造唯美水世界

通过丰富的实例详细讲解水草造景的诀窍

（日）早坂诚　著　　杨金月　译

化学工业出版社

·北　京·

内容简介

本书第1、2、3、7、8章收录了57个水草造景作品，涵盖了用小型玻璃容器打造的迷你水草缸和各种规格的传统水草缸。通过这些精美的造景实例，读者可以获得丰富的设计灵感。本书第4章为水草缸7天造景，系统化地讲解了水草造景的基础知识，读者可跟随作者7天学会打造水草缸。本书第5章、第6章分别讲解了水草培育的基础知识和藻类的处理方法，分享了实用的水草养护经验和藻类防治方法。本书第9章为造景水草图鉴。通过本书，读者可实现水草造景入门，轻松打造出自己的专属水草缸。

MIZUKUSA SUISOU NO SUSUME

© Makoto Hayasaka 2017

Originally published in Japan in 2017 by MPJ Inc.

Chinese (Simplified Character only) translation rights arranged with MPJ Inc.

through TOHAN CORPORATION, TOKYO.

图书在版编目（CIP）数据

水草缸造景设计：从零开始打造唯美水世界 /（日）
早坂诚著；杨金月译 . —北京：化学工业出版社，2022.4（2023.11重印）
ISBN 978-7-122-40807-5

Ⅰ . ①水⋯　Ⅱ . ①早⋯②杨⋯　Ⅲ . ①水生维管束植物 -
景观设计　Ⅳ . ① S682.32

中国版本图书馆 CIP 数据核字（2022）第 027738 号

责任编辑：孙晓梅　　　　　　　　　　　　　装帧设计：张　辉
责任校对：王鹏飞

出版发行：化学工业出版社（北京市东城区青年湖南街13号　邮政编码100011）
印　　装：北京宝隆世纪印刷有限公司
787mm×1092mm　1/16　印张8　字数206千字　2023年11月北京第1版第2次印刷

购书咨询：010-64518888　　　　　　　　　售后服务：010-64518899
网　　址：http://www.cip.com.cn
凡购买本书，如有缺损质量问题，本社销售中心负责调换。

定　　价：68.00元　　　　　　　　　　　　　版权所有　违者必究

序

　　每当有人向早坂先生请教水草培育和水草造景的相关建议时，他总是会提到"热爱"。他常说："热爱很重要""首先需要热爱"，等等。当然这之后早坂先生也会给出一些具体的建议。在已将技术做到极致的时候，敢于使用"热爱"一词，更让人深刻感受到早坂先生对水草造景投入的热情及其深厚造诣。

　　研究人员与造景师看似是身处不同世界的两类人，但我与早坂先生却是十年老友。要说其中缘由，除了因为我们是非常合拍的酒友之外，还因为我们对于水草共同的热爱。早坂先生对于水草培育技术的讲解十分有逻辑，无论在什么情形下都能制作出精美的造景作品。他对水草这种生物也抱有浓厚的兴趣。不论是在常规草缸还是玻璃瓶罐中，水草都很容易变成普通的装饰品，唯有从生物的角度去看待这一生命体，才能呈现出一个美丽、充满奥妙的世界。

　　本书第 7 章专门介绍了早坂先生从亚马孙的自然生态中获取灵感打造的造景作品，充分体现了早坂先生的个人品位。通过草缸中的水草，早坂先生想呈现的不只是美丽的景观，还有一种生命的力量。

　　能为敬爱的早坂先生写的这本水草著作作序，我感到非常荣幸。本书通过精美的作品和丰富的经验，通俗易懂地阐述了向水草注入"热爱"的技术和思路，读完获益良多。希望能有更多的人阅读本书，享受水草的世界。

日本国立科学博物馆植物研究部　　研究主任

田中法生

田中法生（图右）与作者早坂诚（图左）。在长野县安昙野泉水群调查时拍摄。

前 言

　　我家位于京滨工业区的中心地带，房子的面积不大，有两个榻榻米房间，一个四叠半（7.29m²），另一个六叠（9.72m²），此外还有一个厨房和一个很小的阳台。我上小学时所住的公寓，每家每户的结构都差不多，每天晚上大家一起并排睡觉，像一个"川"字。我朋友的家非常宽敞，但在那里我反而会觉得很不自在，因为我是在一个"热闹"的家里长大的——在我家，人人都养着自己喜欢的动物，每次经过走廊都可以听到鸟鸣声。

　　儿时，我常骑自行车到附近的池塘里钓小龙虾。或者到更远的人工岛捕捉满满一笼的蚂蚱。有时我会带一些螳螂的卵回去，但转头就忘了这件事，再发现时它们已经大量孵化在了衣柜里……除此之外，我还在衣柜里养过10只乌龟。这样的经历造就了如今的我，现在我经营着一家观赏鱼和水草的专卖店。

　　我最初工作的一家店里经营各种动物，但不知为何，最吸引我的却是售卖水草的草缸。当时水草的种类有限，主要有水蓑衣、丁香蓼和皇冠草等。而且，麦冬、朱蕉等很难称之为水草的植物也作为水草出售。将水草缠绕在铅块上，而后有规律地栽种后陈列出来——这就是我的工作内容。渐渐地我发现水草卖得越来越好，而我也开始觉得这份工作越来越有趣了。

　　那个时代还没有向草缸中添加 CO_2 的说法。我们发现，如果加快换水速度的话，水草附近就会出现气泡，这些气泡在阳光的反射下十分夺目，顾客看到这番景象后总是会表示赞叹："这也太好玩了，太漂亮了"，然后立刻购买水草。

　　后来，我遇到了改变我人生的两本书——已故的天野尚先生写的《在水立方的大自然（ガラスの中の大自然）》和《理想的草缸（理想的な水槽）》，它们深深地影响了我。这两本书中展示了很多美丽动人的水草造景作品，并配有震撼人心的设计理念文字。《在水立方的大自然》一书可以提高培育水草的审美，《理想的草缸》则系统地讲解了水草培育和鱼类饲养的技巧。这两本书使我逐渐沉迷于水草缸这种以水草为主题的水族缸，这种兴趣也似星火燎原一般，一发不可收，至今有增无减。

　　目前水草造景已在艺术领域独成一派，从借助身边的玻璃容器就能很轻松地打造出的入门级迷你水草缸，到需要技巧和时间才能完成的高难度作品，整个体系已趋成熟。有人说"水草造景是最有趣的室内游戏"，我很赞同这个说法，而本书的写作目的便是为大家展现其魅力所在。

　　本书中的专栏部分收录了我在《水族生活》（AQUA LIFE）月刊、《水族植物》（AQUA PLANTS）年刊两本杂志上发表的文章。书中还详细介绍了最近在欧美和日本非常流行的迷你水草缸（グラスアクアリウム /Glass aquarium）的精美案例和制作流程。这种迷你水草缸使用日常生活中随手可得的小型玻璃容器制作而成，区别于传统的方缸，它们形态各异，体积小巧，方便移动，适合放在桌面上观赏。且无需任何大型设备，只需提供充足的光照和新鲜的水就能长期观赏。这种轻松愉快的造景方式，让一些零基础的、工作繁忙的、懒得进行草缸养护的人也能感受到水草造景的趣味及奥妙之处。

　　我在经营水族店的同时，还是一所职业学校水草造景专业的讲师，因此，我会结合自己的经历分享一些经验，为今后有志从事水族相关职业的人尽一份绵薄之力。在本书中我还归纳了一些知识点，例如植物的新分类法——APG 分类系统、水草缸 7 天造景的方法等。

　　我非常尊敬的田中法生先生曾说过：水草是"异类植物"。在这里，我想借用他的话，希望每一位读到本书的读者，都能够从心底里欣赏这种"异类植物"，享受水草造景的魅力。

早坂诚

目 录

第1章
从身边的玻璃容器入手，打造迷你水草缸

　　学习水草造景，可以先从生活中常见的玻璃容器入手。拿起身边闲置的玻璃瓶罐、酒杯、花瓶等，加入底床材料、水草、小鱼虾，就能打造成可爱的迷你水草缸！迷你水草缸的制作步骤简单、材料简单易得、无需大型的设备就能长久维持，且体积小、可随意移动，非常适合新手以及工作繁忙、无暇打理的人。下面将为您介绍一些活用生活中的玻璃容器的水草造景实例！

灯泡型水草缸

尺寸: 高17cm
底床: STARPET 黑金刚细砂（Real
Black）、GEX 底砂（Pure Sand）
水草:
（左）袖珍小榕、三裂天胡荽、珍珠草
（中）袖珍小榕、珍珠草、针叶皇冠草
（匍茎慈姑）
（右）超红水丁香、金鱼藻、珍珠草、
黄松尾
鱼/虾: 无
注释: 这是用灯泡型玻璃花瓶制成的
迷你水草缸，外形别致，在感受水进
入日常生活中的事物的违和感的同时，
也能收获水草生长给人的心灵带来的
慰藉。

手提包型水草缸

尺寸: 高10cm
底床: STARPET 黑金刚细砂（Real Black）
水草: 绿宫廷、针叶皇冠草
鱼/虾: 无
注释: 这是用颇具设计感的手提包型透明玻璃花
瓶打造成的迷你水草缸。简约的造型，搭配简单
的水草，营造出一种轻盈、清爽的感觉。

享受如打造"瓶中船"般精细制作的乐趣

尺寸：高18cm
底床：金砂
水草：袖珍小榕、趴地矮珍珠、马达加斯加蜈蚣草、小对叶（假马齿苋）、小圆叶（圆叶节节菜）、针叶皇冠草、细长水兰
鱼/虾：无
注释：因为所选的容器瓶口很窄，因而需要像制作"瓶中船"模型一般，细致地进行造景。虽然造型简约，但能从中感受到制作者所表现出的个人风格。

用酒杯型水草缸干杯！

尺寸：（左）高18cm、（右）高10cm
底床：金砂
水草：
（左）趴地矮珍珠、小圆叶、日本绿干层（雪花羽毛）、袖珍小榕、牛顿草、小莎草
（右）金鱼藻、大卷蕴藻（卷叶蜈蚣草）、针叶皇冠草、矮珍珠、黄松尾、印度小圆叶（节节菜）
鱼/虾：无
注释：在厚实的玻璃杯中央放上有重量感的石头，打造成成年人专属的酒杯型水草缸。

能感受到时间流动的空间

尺寸：正方体（棱长 6.5cm）
底床：水草泥
水草：迷你椒草
鱼 / 虾：无
注释：迷你椒草是椒草类水草中最小型的前景草。可用其叶片进行组织培养，快速繁殖，然后按株栽种。每天看着它缓慢长大，能感受到时间在这个小空间中的流动，还能体会为它"保驾护航"的乐趣。

俯视镜头下，一片生意盎然。

用一对高脚杯呈现颜色与素材的对比

尺寸：杯口直径约 7cm
底床：
（左）STARPET 黑金刚细砂（Real Black）
（右）橙色水晶砂（Crystal Orange）
水草：
（左）小莎草、趴地矮珍珠
（右）三裂天胡荽、珍珠草、小红梅、铁皇冠（有翅星蕨）、小叶红蝴蝶、黄松尾、乌苏里狐尾藻
鱼 / 虾：青鳉鱼、锯齿新米虾
注释：用一对高脚杯做容器，左边杯子里加入黑色的石头和黑色底砂，右边杯子里加入浅色沉木、橙色底砂和亮丽的水草，使二者的色彩和素材都形成鲜明的对比。可将它们放置在餐桌上观赏，感受其与插花不同的氛围和不断生长变化的乐趣，慢慢品味水草独特的魅力。

尺寸：直径 7cm、高 11.5cm
底床：水草泥、玻璃砂（蓝色）
水草：（上层）绿宫廷、小圆叶、花水藓
（小绿松尾）
（下层）南美草皮
鱼 / 虾：无
注释：利用形状独特的双层玻璃容器，在下层种植生长缓慢的南美草皮，不进行频繁的修剪，减少因形状复杂而带来的后期管理的工作量，在上层种植生长较快的水草，通过修剪、拔出长势不好的水草二次插种等操作人为干预其生长，切身感受养殖水草的乐趣。

利用独特的容器打造引人注目的水草景观

品味放射状展开的空间美

尺寸：直径 7cm、高 11.5cm
底床：金砂
水草：花水藓（小绿松尾）、血心兰、绿宫廷、越南百叶、圭亚那狐尾藻、绿蝴蝶
鱼 / 虾：无
注释：这是一个充分利用了球状酒杯的外观特点的作品。杯中水草的颜色和位置都进行了精心的设计：将水草布置成从一点放射状延伸，改变相邻水草间的色调，并将水草从前到后一棵棵地变化高度进行种植，打造出高低差。整个酒杯中的水草密度较大，但通过细部的巧妙设计和精细制作，营造出一个充满层次感的水下空间，打造出一个唯美的"小宇宙"。

尺寸：长 28.5cm× 宽 11cm× 高 8.8cm
底床：STARPET 黑金刚细砂（Real Black）
水草：迷你椒草、牛毛毡
鱼／虾：无
注释：用松皮石造景可以营造出河水流动
的感觉。注意不要摆放得过多、过于紧凑，
要有意识地留点空隙。

GLASS AQUARIUM
09

赋予小型容器和风精神

GLASS AQUARIUM
10

尺寸：直径 14.5cm
底床：金砂
水草：泰国水剑
鱼／虾：无
注释：造景的灵感源于日本富士山五合目附
近的景色，在容器中放置熔岩石以模拟通往
山顶的蜿蜒小路。

GLASS AQUARIUM
11

尺寸：正方体（棱长 7.5cm）
底床：水草泥
水草：鹿角苔、爬地珍珠草、锡兰小圆叶
鱼／虾：无
注释：这个作品的制作主题是表现日式插花
般的美。其中的"主角"并不是会"吐泡泡"
的鹿角苔，而是种植在其中的小型有茎水草。

从主角沉木延伸出来的风景

尺寸：长 8cm× 宽 8cm× 高 7.5cm
底床：水草泥（颗粒状）
水草：袖珍小榕、迷你椒草、牛毛毡
鱼 / 虾：无
注释：将两根沉木绑在一起，并使袖珍小榕附着其上。在保持整体平衡的同时，将沉木的一部分埋入底床，其他部分则不接触玻璃缸侧面和底床，以表现一种充满趣味性的"不稳定的美感"。造景完成后，可以观察袖珍小榕随着时间的推移的附着情况，感受培养水草独有的乐趣。

GLASS AQUARIUM
12

GLASS AQUARIUM
13

在球状玻璃杯中放入岩石，营造清凉感

尺寸：直径 9.5cm、高 11.5cm
底床：金砂
水草：泰国水剑、牛毛毡、珍珠草、爪哇莫丝
鱼 / 虾：无
注释：这是一个通过组合摆放岩石打造的水草造景作品。因为玻璃杯为球状，所以在造景过程中要尽可能地将内部景物的倾斜度控制在最小限度，同时还要考虑岩石布景的效果，使观赏者从任何角度都能看到。选用了泰国水剑与牛毛毡作为造景的主角，表现出清凉感，它们也是让整个草缸看起来美丽的重要因素。

用小熔岩石打造迷人的大景观

GLASS AQUARIUM
14

尺寸：直径 10cm（下方球体）、高 15cm
底床：水草泥（颗粒状）
水草：牛毛毡
鱼 / 虾：无
注释：从狭小的瓶口置入小熔岩石，使其在底部堆积起来，表现大岩石。为了让熔岩石看上去有整体感，需要不断尝试，以使小石块之间的接缝没有不协调感，而尝试的过程也是一种乐趣。在整合熔岩石的过程中，会有一些小镊子无法触及的地方，因此需要长期培育水草，以覆盖岩石、掩盖空隙。

以存在感强烈的石头
为主角

尺寸：正方体（棱长 15cm）
底床：金砂
水草：小莎草、卵叶水丁香、窄叶铁皇冠（细叶铁皇冠）、趴地矮珍珠、针叶皇冠草、爪哇莫丝
鱼／虾：青鳉鱼（原种）
注释：这个作品中，风格独特的石头令人印象深刻。造景时，如果想在常规的草缸内放入石头，那么需要石头的体量很大才能达到这种效果。而用一个小的容器时，很容易就能实现这个效果，进而享受宏观的视角。

GLASS AQUARIUM
15

给人带来
清凉感的
水草

GLASS AQUARIUM
16

尺寸：直径 19cm、高 17cm
底床：玻璃砂
水草：禾叶挖耳草、铜钱草、红菊（红水盾草、红花穗莼）、竹叶眼子菜、迷你水兰（泽泻兰）、槐叶苹
鱼／虾：温氏花鳉
注释：选用给人以清凉感的蓝色玻璃砂打造的水草缸。飞出玻璃杯的白鹭莞用的是切花，其余的水草长势都很不错。

用右图所示的玻璃剑山固定容器中央的水草，再将手边的 ADA 佗草——禾叶挖耳草轻放其上。

玻璃缸里的"水中花坛"

尺寸：直径17cm、高16cm
底床：金砂
水草：黄金钱草（金叶过路黄）、日本绿千层、花水藓、越南百叶、绿宫廷等
鱼/虾：无
注释：这是一个水草版的"永生花盒"。将色彩、形状各异的水草一株一株地植入小型桶状玻璃缸中，使其均衡分布。在栽种前需统一水草的长度，而后45°倾斜插入底床，营造出高度差和层次美。不仅可以正面观赏，俯视时也颇有美感。

迎接蝾螈入住水草缸！

尺寸：直径21cm、高28cm
底床：天然砂
水草：水蕴草（蜈蚣草）
鱼/虾：红腹蝾螈
注释：当你在喜爱的玻璃缸中放入透明感十足的水草后，即使是蝾螈也能在这片梦幻的天地中长久驻扎。蝾螈身上的"黑红配色"会让一部分人认为它有毒，但在这片天地中，它就像是穿上了现代的服装一般，十分时髦。图中容器口小，使用这样的容器蝾螈不易逃脱，但个体之间亦有差异，有些蝾螈或许会沿着器壁向上攀爬逃离。所以根据容器的形状，大部分情况下会加上盖子，防止蝾螈爬出。

这是一个极为普通的饲养实例，但据报告称，在与该容器相同的饲养环境下，每年蝾螈都会产卵并孵化。

再现亚马孙的睡莲群生景观

GLASS AQUARIUM 19

尺寸：直径 20cm
底床：天然砂
水草：青虎斑睡莲、大莎草
鱼/虾：大帆月光灯鱼
注释：本次造景的灵感源于玛瑙斯的睡莲群生景观，再现了睡莲之下的水中美景。鱼儿穿梭在水草之间，悠然自得。

左图拍摄于被称为"亚马孙心脏"的玛瑙斯。图中睡莲的叶片漂浮在水面上，水下一些太阳草混杂其间，还有许多脂鲤科鱼类在水中穿梭游动。

以珍珠般的青鳉鱼为主角的水草缸

GLASS AQUARIUM 20

尺寸：长 24cm × 宽 24cm × 高 5cm
底床：玻璃砂
水草：金鱼藻
鱼/虾：达摩干支青鳉鱼（球体干支青鳉鱼）
注释：青鳉鱼是非常受欢迎的一类观赏鱼，干支青鳉鱼是改良青鳉鱼中特别受欢迎的品种，背部可发强光。而体形圆滚滚的达摩干支青鳉鱼在水中，就像一颗珍珠在游动。这种小型水草缸可放置在桌面上，易移动，也易于日常保养。

达摩干支青鳉鱼在闪闪发光的玻璃缸中畅游。

透过球形玻璃缸
欣赏多样的水草
和可爱的青鳉鱼

尺寸：直径 35cm、高 33cm
底床：金砂
水草：迷你矮珍珠、斑叶凤眼莲、红菊、迷你椒草、红松尾、金银莲花（印度香蕉草）、珊瑚莫丝（波叶片叶苔）、虾柳、迷你水兰、小圆叶、竹叶眼子菜、马达加斯加蜈蚣草、尖叶绿蝴蝶、袖珍小榕、粉红头、漂浮毛茛

鱼 / 虾：干支青鳉鱼
注释：此球形草缸中共有 16 种水草，还搭配了熔岩石与枝状沉木作为装饰，能欣赏到多样的水草姿态。水中游动的是可爱的干支青鳉鱼。球形玻璃缸给人一种鱼眼镜头的效果，趣味十足。

玻璃缸与沉木有机
结合的水草缸作品

尺寸： 高约 30cm（含沉木）
底床： 玻璃砂
水草： 针叶皇冠草、红菊、绿宫廷、小对叶
鱼 / 虾： 草莓丽丽鱼
注释： 如果说这个设计让人联想到新艺术主义可能
有些夸张，但这样的有机结合的确给人以十分奇妙
的感受。这个独一无二的玻璃缸是将加热后变软的
玻璃按压到沉木顶端后形成的，用它打造的这个水
草缸作品，存在感之强令人无法忽视，如果放在一
个宽敞的空间中，俨然就是一件艺术品。

玻璃容器与沉木
紧密相连，浑然
一体。

玩味球状水草缸的
鱼眼镜头效果

尺寸： 直径 35cm
底床： 金砂
水草： 趴地矮珍珠、小莎草、针叶皇冠草
鱼 / 虾： 荷兰凤凰、大和藻虾
注释： 与上页的作品 21 一样，球状玻璃缸的鱼
眼镜头效果使得视野更宽广。扭曲的水中风景
给人以别具趣味的感受，非常引人注目。

自己动手
制作一个迷你水草缸吧!

初学水草造景可以从身边的玻璃容器入手,尝试自己制作一个迷你水草缸。不论是制作自由度较高的简易迷你水草缸,还是再现一个小型"生态圈"的生态缸,你都能体会到其中无穷的乐趣。像插花一样,亲手打造一片绿色的水世界,享受水草造景的乐趣吧!

打造迷你水草缸的方法

玻璃制品的形式多样,其中像花瓶和鱼缸等容器,如果被用来当作水草造景的载体,就可以尽情发挥其形体的优势。我意识到在生活中常用的玻璃容器中造景或许会让人眼前一亮,之后开始尝试在其中进行水草造景,活用不同玻璃容器的形状,打造成形态各异的可爱水草缸。将其放在明亮的窗边,水草就能生长,可长期观赏。此外,如23页下方的图片所示,如果将制作好的迷你水草缸放入添加了照明装置和CO_2添加设备的方缸里培育,可以让水草长得更快更美。

在不断尝试在各种玻璃容器中造景的过程中,我曾在一个小玻璃杯里铺上底砂后仅用一株水草来装饰它。制作完,我便将它随意摆放在店里的某个地方,自那以后我经常听到一些客人小声地夸赞它,说它"好可爱""好时尚"。以此为契机,我开始尝试用更好看的玻璃容器造景。那时正赶上植物园举办水草展,我正好也参与了这个活动,所以就试着提议能否设一个用生活中的玻璃容器制作的迷你水草缸的展区,结果这个想法广受好评。因为只要一个日常的容器,就能让人感受到水族馆的感觉。

后来我遇到了一组造型别致的灯泡型玻璃花瓶,我觉得这组容器非常适合种植水草,于是将其打造成了一组可爱的水草造景作品(第2页作品01),放入展区以展示它的魅力。后来因为这个活动,我的店铺及附近的区域还红了一阵子,甚至被称为"奥涩谷(OKUSHIBUYA)",即涩谷近郊的幽静闲适之地。

① 准备好材料，包括玻璃容器，各种水草，水草缸专用的细砂、石头与沉木等。

② 在玻璃容器中放入小块的水草用固态肥料。

③ 为便于种植水草，需铺上约3cm厚的底砂。

④ 根据自己的喜好配置沉木和石头，这个步骤能展现你个人的品位。

⑤ 将附着类水草缠绕在一部分沉木上。

通过电视节目的宣传，许多人都逐渐痴迷于迷你水草缸，并大受震撼。我也想让更多的人感受到在日常的玻璃瓶罐中进行水草造景的无穷乐趣。

挑选玻璃容器与种植水草的诀窍

现在进入正题。大家可能会有各种问题，比如"制作起来没那么容易吧""水草会很快枯萎的吧"，等等。其实这种迷你水草缸养护起来很容易。我以前听过有人说他懒得安装水泵，对于这类人来说，打造迷你水草缸再合适不过了。

许多人都觉得水草缸很好看，但又怕造景过程过于烦琐，经常会听到"虽然想开始，但是很麻烦吧？""哎呀，好可爱！但是制作过程一定很辛苦"……诸如此类的话。本书的目

的就是改变大家的这种想法，让大家对于水草造景的想法变成"原来水草造景可以这么简单""水草长出来了，被治愈了！"。

首先，请在家里找一个大小合适的玻璃容器，容量控制在200～1500mL之间。当然比这个更大的玻璃容器也可以造景，但为了便于挪动，选择大小适中的玻璃容器比较好。

在玻璃容器的形状上没什么限制，但容器口大一点比较好，否则用镊子种植水草时会十分不便。如果只有口小的容器，倒也可"反其道而行之"，制作出一个就像"瓶中船"一样的水草缸来惊艳大家，这也不失为一种乐趣。

找到喜欢的容器后，接下来就可以放入底砂和水草泥来栽培水草了。因为有时会用小器具进行细致的操作，所以选用细小的材料比较

6 基本骨架已成，感觉不错！

7 注水至溢出的状态，让水保持清澈。

8 种植水草。

9 对于一些生命力旺盛的水草，有时也会用切成细条的铅束缚其基部。

10 可以种一些比较长的水草。按你的想法造景吧！

好。选择材料时还要重点关注其是否会改变水质，尽量选用水草缸专用的底砂和水草泥。

种植水草时，用小镊子夹水草、插水草、拔水草有一定的诀窍。首先，稍稍用力夹住水草的根部或茎基部，注意镊子与水草形成的夹角控制在45°～90°之间。然后将水草干净利落地轻插入底砂中，当镊子进入底砂中约3cm深的地方时，将镊子稍稍张开，慢慢斜抽出来。到这一步，或许有人会想："之前怎么种都种不上，现在终于成功了"，只要掌握了要领，之后便可以一步一步地种植更多的水草！

这里需要注意，在种植水草的过程中，不能将脱落的水草种植到原来的地方。如果强行种植的话可能会使其他种植好的水草脱落，甚至最终不得不移动沉木和石头的位置，十分麻烦。谨记这点就能放心地种植水草了，还能省下不少时间。

水草选择

适合种植在玻璃容器中的水草，首推金鱼藻。金鱼藻生长速度快，而且非常皮实。因其无根，可以悬浮在水中生长，故称得上是打造迷你水草缸的必选水草。同时金鱼藻还有净化水质的功能。

还有很多水草无需栽入底砂也能生长，如部分水生蕨类植物、部分天南星科植物、部分莫丝类水草，以及皇冠草类水草、水榕类水草等。利用这些水草可以附着生长的特点，可用扎带或棉线将其固定在石头或沉木上，不需多长时间就能成活，并开始生长。

这些附着性水草大都比较皮实，而且可以

完成！

耗时约1h完成。将其放在窗边，使其
接受适度的光照，然后享受美景吧。

净化迷你水草缸的水质，想长期养护迷你水草
缸的话，建议选用这些水草。另外，以附着性
水草为中心，在其周围种植其他水草，可以使
得水草缸更为美观。

换水要领

在培育水草的过程中，换水十分重要，频
繁换水可以为水草提供其生长所需的 CO_2 和营
养物质。

比起大型草缸，给迷你水草缸换水要轻松
得多。只需将玻璃容器移至水龙头前，然后慢
慢将水灌入即可。

根据换水的水量、时间与水流入的位置，
迷你水草缸内的水循环会有所差异，但换水的
注意事项主要有以下几点。

1. 水量应达到"压住"底砂的程度，否则
底砂浮起后会使水体变得浑浊。

2. 每次换水的水量应超过一半，也可全换。

3. 需频繁换水（每日1次以上）。

在换水的同时，也要注意清理玻璃容器上
的污渍。另外，及时去除黏液和藻类也是使迷
你水草缸保持干净的方法。因为容器较小，所
以可用小牙刷细致地清理。

做到以上几点的话，维护草缸环境就会
变得轻松。另外，如果草缸中有鱼虾等生物，
换水时要防止它们被水冲走，换水后也不要忘
记在草缸中加入氯中和剂等化学物质。

光照要求

光照决定了水草的"命运"，因此尤为重
要。需要在恰当的时间予以水草适度的光照。
具体来说，就是利用非太阳直射光以促进水草
的生长，如窗边的阳光、日光灯等室内灯的
光。我在家里的洗脸池旁摆放了一个迷你水草
缸，它只靠周围的室内光存活了好几个月。其
实它一天的光照时间只有几小时，但即便在这
种条件下，缸内的大部分有茎草和爪哇莫丝也
都没有枯萎。不过，也正因为它就在洗脸池旁
边，所以换水十分方便，每天可以换水两次以
上，这是一个得天独厚的条件。

只要注意换水，避免强光直射草缸，那么
藻类就无法附着在草缸上，任谁都能体会水草
造景的乐趣了。也就是说，采用与插花几乎一
样的保养方式，便能长期管理水草，享受在水
中养殖活植物的乐趣。

迷你水草缸的制作和维护方法简单，美感
却丝毫不减。与培养陆地植物一样，培育水
草的过程也充满了乐趣和惊喜，在这个过程
中，你能体会到水生植物独特的魅力，请一定
要试试！

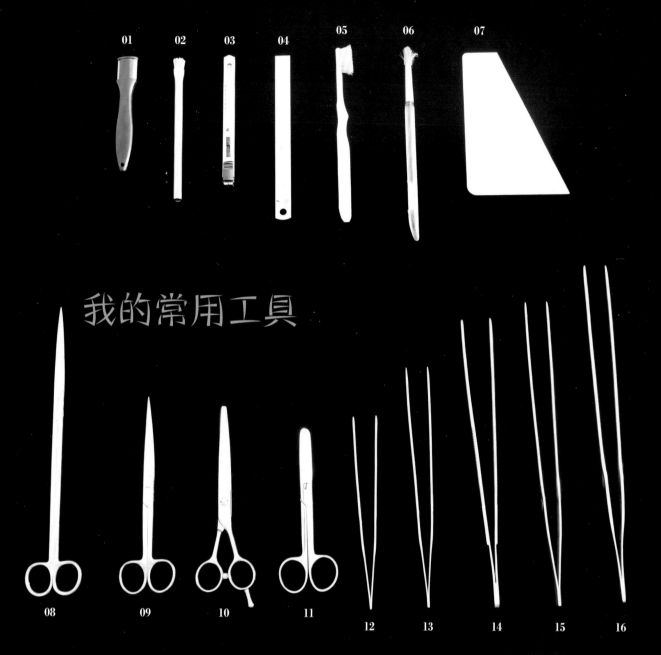

我的常用工具

01 磨刀器
养成定期修磨剪刀刀刃的习惯，特别是在修剪小莎草等水草时，便可深刻感受到定期磨刀的重要性。

02 草缸专用刷(pro-brush)
可用来清理岩石及沉木上的轻微污垢或藻类植物。体积小巧，方便好用。

03 美工刀
可用来开纸箱，也能作为刮刀来清理一些硬质藻类，可与其他工具一起配套使用。

04 直尺
使用频率较高，可用于测量底床的厚度与水草的叶长等，毕竟水草缸的设计美感也很重要。

05 牙刷
可用来手动聚拢浮在水面上的植物，还能用来清理附着在水底素材及玻璃壁上的藻类。

06 笔
用于整理底砂，或是在叶子或岩石的表面涂药时使用，笔柄为亚克力材质。

07 刮藻刀
用于清理玻璃缸表面的污渍和藻类，刀片磨损后可替换。

08 水草专用剪刀（直剪）
主要用于修剪有茎草。如果只想买一把剪刀的话，建议购买这个。

09 水草专用剪刀（波浪剪）
尺寸小的波浪剪易上手，剪刀开合流畅。主要用于修剪匍匐在底部的水草。

10 专业宠物剪刀
修剪时使用频率很高的一把剪刀。长度适中，很锋利。

11 医用剪刀
可用来剪水草以外的东西，如金属丝等。医用剪刀很耐用，长时间使用也能保持锋利。

12 水草专用镊子（小号）
可用于清理刚购入的水草中混有的石棉。尺寸小，但弹性强，喜欢这种手感的话可以试试。

13 水草专用镊子（中号）
手感好，在进行快速作业时使用频率高。

14 专业水草镊子（带柄中号）
种植根部粗壮的水草时使用，可以"抓牢"水草。

15 水草专用镊子（大号）
使用频率最高的一款镊子，在种植有茎草时可以用这个尺寸。

16 水草专用镊子（加大号）
不同批次的弹性会有差异。我常年使用的这款弹性合适，手感很好，所以我经常使用。

我的工具观

工具选择与使用心得

不断尝试，筛选出合适的工具

　　水草缸的维护和管理离不开各式各样的工具。我与水草"打交道"有 20 多年了，这期间我用过很多工具。我的工作场所不定，除了保养店里的水草缸之外，还需要定期去商场或上门为客户保养水草缸，有时还要为电视节目的布景制作水草缸，随时都有可能用到工具，因而为了方便工作，我总是随身佩带着装有剪刀和镊子等的专用工具包。除此之外，我还在车上放了一个装满工具的箱子，我经常开车带着它到处工作。我的这些工具并非从一开始就备齐的，而是在不断尝试各种工具的过程中，根据其好用程度、耐用性等，一件件地筛选出来，添加到工具箱里的。从这个意义上说，这不应该叫"工具箱"，叫"经验箱"也许更合适。

　　希望大家也不要满足于手头的工具，时刻保持好奇心，不断去尝试新的东西。可以试着使用新上市的工具，还可以关注一下市面上一般不销售的或者是其他行业的工具。发现新的工具可以收获喜悦，还能促使你积极地去使用它。而且熟练使用这些工具后获得的技术和知识，也会让你变得更专业、更可靠。

好工具和好收纳习惯，能让人事半功倍

　　拥有一个能让你觉得"我靠这个工具生活"的好工具是非常重要的，它会成为你工作上的助手，让你事半功倍。如果找到了这样的工具，你会满怀感谢，还会促使你追求更好用、更有设计性的工具。

这是我定制的皮革工具包。我会把经常使用的工具放在固定的位置。带着它能让我充满干劲。

　　上图的定制皮革工具包与"经验箱"一起，在造景上给予了我莫大的帮助。在这个我随身佩带的工具包里，整齐地收纳了我长年使用的工具，这些工具都有其固定的收纳位置，非常方便取用。固定工具的位置不仅能让工具看上去井井有条，还能提高工作效率，建议大家尝试一下这样做。

　　随着水草造景的普及，镊子和剪刀已成为常见工具。但对于刚入门的新手来说，或许会惊讶于这些常见的工具还有"专业版"。我对《在水立方的大自然》一书中有关工具的篇章印象深刻，深受启迪。后来我开始尝试各种各样的镊子和剪刀，而不是只限于水草专用的产品。我之所以乐于尝试，是因为我热爱这份工作，希望用完美的工具来造景。

剪刀的选择

　　检查剪刀的咬合程度很重要。如果刀刃过钝，切入水草茎部时，可能会导致茎部弯曲，难以剪断。挑选直剪时，首选阻力小的。剪刀的指环大小也会影响手感，要选择适合自己的尺寸。我试过很多剪刀，最后发现给狗狗修毛用的剪刀是最适合我的，这种锋利感是水草专用剪刀所无法媲美的。自从发现了这个，我的工具观就发生了变化。当然我也会使用水草专用的剪刀，但我体会到，好的工具是不分领域的。

镊子的选择

最好准备几把尺寸不同的镊子。我挑选镊子时有两个标准，一是指尖的力量能很好地传递到镊子的尖端，二是种植水草时镊子的尖端不会交叉。此外还要考虑镊子的弹性。例如，在栽植皇冠草等水草时，要事先准备弹性好且尖端粗的镊子。多年造景的经验告诉我，除种植水草外，镊子还能用于很多的场合。我现在有五把镊子，是我根据尺寸、弹性及用途挑选出来的。

牙刷的妙用

我主要使用刮藻刀和牙刷来清洁玻璃缸壁。刮藻刀是观赏鱼用品，硬度适中，且因为外表为白色，所以在清理时很容易看到藻类。

牙刷也是重要的工具之一。我试过好几种，关键看它能否浮起来。牙刷的使用频率很高，如果在水中离手后能浮起来，就不至于落入草缸后"不知所踪"。选择"轻盈"的牙刷，用着会很舒心。不断发掘好用的工具是我的乐趣所在。除了上述的标准外，如果你还对牙刷的设计感、硬度及刷头的长度等有要求的话，那么欢迎你加入我们"精致派"的行列。

"别出心裁"的笔

对我来说，笔是不可或缺的工具之一。不论是小型草缸还是大型草缸，在铺底砂时都可以用一支笔来微调底砂的高低差，使之平整。此外，笔还可以用来驱赶鱼类。在去除水草表面附着的藻类时，也可以用笔在叶子表面涂抹除藻剂。在种植水草时还可以用笔轻轻按压水草……有段时间我一直寻不到中意的笔，后来我在无意间看到了一支笔，它在众多笔中算得上是"一枝独秀"，使我眼前一亮。这支笔的笔柄是亚克力材质的，笔尖很特别。它比木制笔要重，但这种重量感反而让人觉得很舒服，所以我立即决定买下它。

工具要及时保养、适时更新

剪刀和镊子在用过后要及时保养，擦干上面的水分。好的工具会因妥善的保养而变得更好用。草缸内是另一片天地，在那里可以享受培育生命的乐趣，而重视工具的保养会让这段快乐时光变得更加充实。

玩草缸越久，工具就会越多，有时工具箱可能都装不下。因此在新添工具时，需要审视它是否真的必要，还要清理掉一些"老古董"及不常用的东西。

去挑选你中意的、耐用的工具吧！

第 2 章
迷你水草缸与玻璃方缸
组合造景的魅力
水中绿意，寂静之美

本章主要展示迷你水草缸与玻璃方缸组合造景的魅力。比起前面那些用玻璃杯等小玻璃容器造景的作品，本章中的作品使用的玻璃容器大多尺寸较大，在造景完成后放入配备了专业器材的玻璃方缸中培养，水草的生长状态更好。

01 大树与绿草的协奏曲

尺寸：口径约 13cm、中部直径约 22cm、高 28cm
底床：能源砂、水草泥（ADA-Aqua Soil-Amazonia）
水草：鹿角苔、小红梅、大红梅、窄叶铁皇冠、细长水兰、微果草、珍珠草、南美小百叶
鱼 / 虾：温氏花鳉、小精灵鱼、锯齿新米虾

周期：3 个月
注释：中间耸立的树木周围植物繁茂，营造出一种自然的景象。最初只种了一些绿色的水草，但因为看起来没有焦点，所以又种植了一些红色系的小红梅，起到了收敛色彩的作用，使得整体景观张弛有度、鲜明、生动。

02 草丛中的攀登者

从上面看更容易理解主题，
杯口的沉木姿态像一个在攀援的人。

尺寸：直径 20cm、高 20cm
底床：能源砂、淡彩砂（ADA-Bright Sand）
水草：迷你椒草、小莎草、贝伦产牛毛毡、绿宫廷、大卷蕴藻、黑木蕨、三裂天胡荽、尖叶绿蝴蝶、爪哇莫丝
鱼/虾：草莓丽丽鱼、蓝眼灯鱼
周期：20 天
注释：我偶然发现了一块形态似人的沉木，看到它的瞬间，我的脑海中便浮现出一个小人儿顺着杯壁攀爬的景象。于是我将想象付诸现实，设计出了这个作品，作品中的"攀登者"右脚踩在树枝上，手紧紧攀附在杯壁上。

培养箱（GROWING TANK）

如图所示，将左页的作品01放置在配备了专业设备的玻璃方缸中培养。将其直接沉入45cm的玻璃缸中，让其接受人工照明，用外置过滤器实现水循环，同时添加CO₂（本章所有作品均采用图示方法培养，可长期维持景观）。

03 "天使"在绿色
森林中嬉戏

尺寸：直径22cm、高44cm
底床：能源砂、淡彩砂（ADA-Bright Sand）
水草：日本簧藻、窄叶铁皇冠、爪哇莫丝、山崎桂
鱼/虾：神仙鱼（天使鱼）、红鼻剪刀鱼
周期：14天
注释：该作品选择了一些易培育的水草。因为容器
比较高大，水量也很充足，因而非常适合初学者。
窄叶铁皇冠与沉木巧妙地交织在一起，形成一片郁
郁葱葱的森林景象。

04 匠心演绎"美"

尺寸：直径 18cm、高 30cm
底床：能源砂、水草泥（ADA-Aqua Soil-Amazonia）
水草：袖珍小榕、牛毛毡、南美小百叶、大叶珍珠草、牛顿草、柳叶皇冠草、细长水兰、爪哇莫丝
鱼/虾：厚唇丽丽鱼、金三角灯鱼（埃氏三角波鱼）
周期：14 天
注释：沉木可直接拿出，这样平时被沉木遮住的死角也能清理干净，袖珍小榕附着的岩石也可自由移动。如图，沉木平行横于水中，水草形态各异，二者和谐共存，相得益彰。

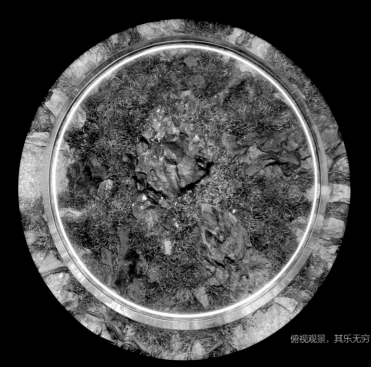

尺寸：直径 30cm、高 10.5cm
底床：淡彩砂（ADA-Bright Sand）
水草：鹿角苔
鱼 / 虾：虹带斑马鱼
周期：14 天
注释：中心岩石奇兀耸峭，四周岩石呈放射状延伸。
这种组合岩石群的方式是经过仔细推敲后得出的，精
彩绝伦。橙色的虹带斑马鱼沿同一方向绕岩石群环游
的景象十分有趣。

俯视观景，其乐无穷

05 山涧积翠，绿意葱茏

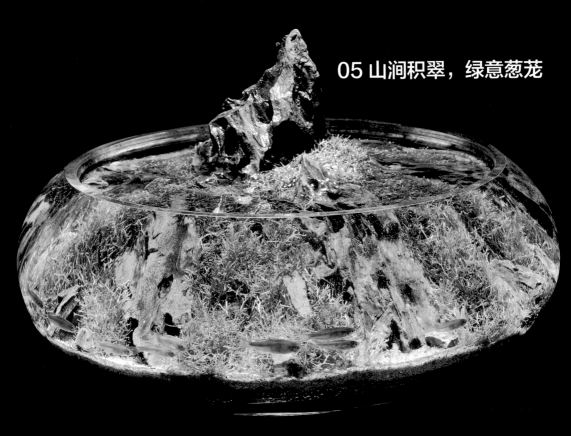

06 无死角的美

尺寸：直径 24.5cm、高 18cm
底床：能源砂、水草泥（ADA-Aqua Soil-Amazonia）
水草：矮珍珠、百叶草（水虎尾）、日本簧藻、三色鳗水丁香（*Ludwigia*'Eeltricolor'）
鱼／虾：宝莲灯鱼
周期：20 天
注释：顺着圆顶形玻璃杯的底部栽种一圈矮珍珠，然后摆放石头，最后在中心区域栽种水草。石头分别朝三个方向摆放，每个角度皆可观赏到别致且迥异的景观。

07 如见青山

尺寸：直径 30cm、高 7cm
底床：水草泥（ADA-Aqua Soil-Malaya）
水草：珊瑚莫丝
鱼／虾：皮颊鰠（银水针）
周期：14 天
注释：为使观者能享受珊瑚莫丝的浓绿色调，选择了青龙石以表达深山的意趣。容器内易产生水绵，最好放几只除藻能力强的大和藻虾。2007年，珊瑚莫丝还比较稀有（现已很容易获得），所以在造景前我花费了 3 个月时间，提前栽培出了一批珊瑚莫丝。

迷你水草缸与玻璃方缸组合造景的方法

下面是第25页的作品04的具体制作过程。
因为玻璃容器比较易碎，因而操作过程中要万分小心，轻拿轻放。

开始

1 选好心仪的玻璃容器（直径18cm，高30cm）后，放在坚固的底座上，使其保持水平。注意容器的玻璃强度，确保该容器即使蓄满水也不会出现破裂的情况。

2 加入底床肥料（图中为能源砂，约150mL）。水草泥的种类繁多，有些本身含有一定的养分。

3 添加水草泥。根据栽培的水草种类的不同，水草泥厚度以4～5cm为宜。

4 为了便于种植水草，用刮藻刀或三角尺将水草泥弄平整。

5 放入沉木。从远处观察、调整位置，确定最佳的摆放方式。

6 放入缠绕了爪哇莫丝的石头，用毛笔清理沉木及石头上的水草泥。

7 用鱼线将袖珍小榕缠绕在小石头上，之后将其放置在沉木上或放在空处。

8 将小石头放置在沉木上。可任水草在沉木上自由生长，也可将其移至其他地方，非常方便。

9 用长镊子修整细节，边想象水草成长的动态边进行配置。

10 修整细节格外耗费时间。有时需要用喷雾给水草补充水分，同时防止水草泥太干燥而扬起尘土。

11 注入少量水。注水时要顺着沉木慢慢注入，避免水草泥翻涌使水变浑浊。

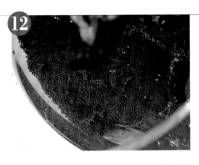

12 注入适量的水之后开始栽种水草。首先栽种前景草——牛毛毡。

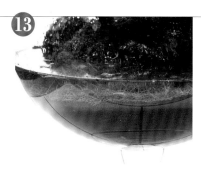

栽种水草时，不仅要从上方，还要从侧面确认其美观度。

在沉木根部种植南美小百叶，在其后方种植日本簧藻。

接着栽种更高的水草。为了方便栽种，需要再次注入更多的水。

在沉木背面栽种大叶珍珠草、牛顿草、柳叶皇冠草，这是一项烦琐但有趣的工作。

水草基本栽种完后，趁着水少、容器轻，将容器移至玻璃方缸（培养箱）内。

容器放置完毕。再次用毛笔修整细节。

用镊子调整水草的位置和方向，使其更美观。

最后栽种最高的细长水兰。

从侧面看是这样的。要考虑水草的长势，不可栽种得过密。

水草泥不足的地方要额外添加，这样水草不易脱落。

再次用毛笔轻柔地修整内侧，提升成品的美观度。

完成

暂告完成。在玻璃方缸（培养箱）中配置过滤器、照明装置及 CO_2 添加装置，然后静待水草成长吧！

日本的水草造景专业课程

从理论到实践

笔者的授课场景

"触碰"生命的职业

　　东京有一所综合职业学校，专门面向对生物与自然相关工作感兴趣的学生。他们都期望能习得宠物、动物及海洋等领域的专业知识，掌握步入社会后有用的技术。在众多专业中，有一个名叫"水族馆·水草造景专业"，是为想从事水族相关工作的学生开设的。笔者从 2013 年开始担任该专业"水草造景"课程的讲师，主要教授水草培育及水草造景的相关知识。

　　每年的第一堂课，我都会询问学生们的梦想。有的学生想去水族馆或热带鱼、水草专卖店工作；有的想当热带鱼、金鱼批发商；有的想开爬虫专卖店；有的想开专业草缸保养公司；有的想开潜水俱乐部；还有的想当渔夫……各种梦想家们汇聚一堂。

　　水族馆·水草造景专业属于动物学相关专业，广泛涵盖了除陆上以外与水相关的各个领域，具有良好的就业前景。

　　"水草造景"课程的授课，从前期到后期，从理论到实践，实际教学时间共计 10 个月。教学目的是让学生们学会水草造景，并打造出美丽的水草缸。水面波光粼粼，水草光合作用产生的气泡不停地浮出水面，而后迸裂；鱼儿在清澈透明的水中沐浴着阳光，在摇曳的水草森林中怡然自得地游来游去……这是草缸带来的独一无二的风景。经过一年的学习，学生们将完成把大自然的一个局部"搬到"小小的玻璃方缸中的过程，实现原本空荡荡的玻璃方缸向微缩版的生态圈的蜕变。

　　如今只需上网搜索就可以看到许多精美的水草造景作品。但即便是参考了这些作品，想要在课堂上制作出漂亮的草缸也绝非易事，要想学有所成，需要花费大量的时间和精力。在这个漫长的过程中，如果有发自内心地想制作出漂亮作品的热情并积极付诸行动，那这个学生才可能制作出漂亮的草缸。

上图：这是学生参加水草展的场景。活动面向的是普通顾客，可让学生积累一些水草造景的实战经验。
左图：笔者在水草展做"导游"的场景。主要讲解草缸造景的流程、保养方法，以及用小型玻璃容器打造迷你水草缸的方法及其保养的要点等。

在打造迷你水草缸的过程中学习自然的循环

"水草造景"课程包括理论和实践两部分，前期为理论学习，在课堂上学习水草造景的所有知识；后期是实践环节，用小型玻璃容器进行水草造景实习，打造迷你水草缸，并在维护和管理水草的过程中掌握其与大自然相同的生态循环。这个专业的许多学生都养过或正在养宠物，但绝大多数学生没有养过水草，他们聚精会神地设计着自己的迷你水草缸，3 个小时的实践时间转瞬即逝。从实习的第二天开始，我会让学生思考水草在草缸中生长或不生长的原因，并报告自己管理草缸的具体过程。这样的模式可以让学生从理论及实践两个层面掌握培育水草的要素。即使是狭小的空间也可以培育水草，水草生长的过程就是一个小型生态圈逐渐形成的过程，在这个过程中学生可以感受到植物及微生物的生命力。如果这种感知能力能进一步提升的话，今后用体积很大的草缸进行造景时也会很容易成功。

学完上面的内容后，接着要学习底床材料的种类及特征、土壤微生物的作用、植物必需的营养成分、光合作用的机制、水草必需的光及光源的种类等知识。此外，还要学习草缸造景所需的外置过滤器及 CO_2 添加装置的组装及拆卸，学生需要完全掌握这两种装置的结构。造景时常有工具损坏或设备故障的情况，这时如果已经掌握了其结构及运作的原理，便可以系统地思考，并想出妥当的解决方案。

"水草博士"的专题讲座

课程中，我们还邀请了日本顶级水草研究专家兼日本国立科学博物馆筑波实验植物园的研究员田中法生博士来进行专题讲座。田中博士 20 多年来致力于研究水草的进化，每年都会办讲座分享他的最新成果。在水草造景领域，人们多通过颜色、形态及培育难度来认识以及划分水草，但在田中博士的讲座中，学生们将学习以生物的视角来认识水

上图：活动中展出的学生制作的草缸。

通过参展，可以开阔视野，收获客观的评价，在这个过程中，可以获得自信，同时看到自己的不足。

左图：学生作品——《绿道》

该作品为"凹"字形构图。中间似一条小径，矮珍珠生长茂密，后景的有茎草长势也不错。设计者想为居住其中的鱼儿打造一个悠闲舒适的环境，因此设计出了这样的草缸。

草，进而学到一些平常不熟悉的知识。学习并思考生物的发展历程是我们饲养、栽培生物的出发点。对于培育生命的人来说，不论以后选择什么样的人生道路，这个学习和思考的过程都将成为一笔宝贵的财富。

知行合一

理论是实践的基础。学生们在课程前期学习了水草培育的理论知识及器具的工作原理，才得以顺利地进入实操环节，并通过亲身实践制作出漂亮的草缸。在实践环节，每位学生都专注于学习造景的精细技术，如底床材料的堆积方法，如何使用沉木和石头制作构图的骨架，水草的种类，选择颜色和形状的诀窍等，并运用这些技术来完成自己的草缸。在学习技术的同时，学生们还能掌握在种植水草时如何兼顾水草的颜色、形态及色彩的饱和度，培养自己栽培水草的审美，并掌握使整体布局美观的方法。

除水草专卖店外，水族馆和热带鱼专卖店也会摆放一些水草造景的成品，而且还会精心"包装"一些展品及商品，看上去十分精美。水草造景的经验运用到这些场合也是非常有用的。就算学生在其他行业从事设计及布局的相关工作，在造景中学到的技巧及

积累的审美品位也非常重要，能让他们在工作中如鱼得水。实际上，在国际水草造景大赛中脱颖而出的也多是一些从事艺术及设计相关工作的人，我认为这绝不是偶然现象。

在水草造景时，从水草栽种到保养所花费的时间以及观察植物长势的细心程度决定了最终成品的质量。不论布局多精美，如果不能细心地保养草缸，那么你的粗心大意就会立刻在草缸中现出"原形"。

在水草造景过程中，我们能品味到植物生长的乐趣，会为其茁壮的成长而欢呼，会被它光合作用时释放出的氧气气泡的美所感动。探索植物生长的奥秘，并通过修剪工艺造出美景，这个过程也十分有趣。精心保养的草缸会富有旺盛的生命力，不论何时欣赏都能使人心旷神怡。"努力决定了你最后的成果"，这句话用于水草造景十分恰当。每年我都会不时想起学生一年课程结束后的笑脸，那是完成作品后满含欣慰及喜悦之情的笑容。

我在20多岁的时候步入水草的世界，至今已有20多年，但我依然被水草的美丽深深打动着。不断学习是十分重要的，保持积极挑战新事物的进取之心，让自己不断成长，才能在一个行业中越走越远、越走越顺畅！

第3章
选用传统方缸，
打造中小型
水草缸

本章按缸体尺寸从小到大的顺序介绍
水草造景作品。如果发现了你喜欢的布局
或主题的话，可以试着模仿一下。

_01_

追求极致的小型水草缸

这个追求极致的小型水草缸是如何制作出来的呢？秘诀就在于一株一株地栽种水草！不需要耗费太多时间，而且刻意不频繁修整，采取"单株种植"的形式，打造出类似荷兰风格的草缸，让水草自由生长，以追求自然的美感。

之前我也用 60cm 的玻璃缸制作过相同主题的草缸，这次用 30cm 的小型玻璃缸再现这一主题，也并未失其尺度感，内部纵深感的演绎也很完美。红色熔岩石与绿色水草的搭配也是一绝。

尺寸：正方体（棱长 30cm）
照明：7W 日光灯 ×3，10h/d
过滤器：伊罕过滤器 2213（EHEIM 2213）
底床：河砂、ADA 能源砂 S(ADA POWER SAND SPECIAL-S)
CO₂：1秒1泡。用 CO₂ 扩散器添加
添加剂：水草生长促进剂（Ferro cell）
换水：1周1次，每次换 1/2
水质：pH7.1
水草：赤焰灯心草、红松尾、尖叶红蝴蝶、花水藓、小红梅、黄松尾、喀麦隆莫丝、珍珠草、袖珍小榕、牛顿草、禾叶挖耳草
鱼/虾：湄公河青鳉、小精灵鱼、锯齿新米虾、大和藻虾

空间纵深感十足的"经典款"水草缸

这是我被 30cm 的正方体玻璃缸的形状吸引后创作的一款小型水草缸。前面种植低矮的前景草，后面种植较高大的水草，看上去泾渭分明。缸内的景致层次丰富，很有观赏性。在种植高大水草的那一片区域，特意在中间偏右的位置留出了可以穿过的空间，提升了整体景观的纵深感。

尺寸： 正方体（棱长 30cm）
照明： ADA 水之天空 301 水草灯（ADA AquaSky 301），11h/d
过滤器： 伊罕紧凑型过滤器（EHEIM compact）
底床： 金砂、ADA 能源砂 S
CO₂： 2 秒 1 泡。用 CO_2 扩散器添加
添加剂： 初期将肥料埋入底床中，之后定期添加液肥
换水： 1 周 1 次，每次换 2/3
水草： 矮珍珠、趴地矮珍珠、三裂天胡荽、紫宫廷、羽裂水蓑衣（锯齿艳柳）、小红梅、小宝塔（石龙尾）、花水藓、辣椒榕的一种、针叶皇冠草、三叉铁皇冠、鹿角苔、新加坡莫丝、珊瑚莫丝
鱼/虾： 钻石红莲灯鱼、小精灵鱼、大和藻虾、锯齿新米虾

水景01

<u>03</u>

阳光从镌刻着悠久时光的大树缝隙间洒落

创新的水草造景构图设计

有一天，我突然看到"摇钱树"这个词，于是便想象着以一棵树为主题来打造水景。我用沉木来比拟树枝繁杂的大树，用水草来表现郁郁葱葱的树叶，将想象中的场景现实化，制作出了这个水草缸作品。

首先，为了表现大树，我从多根沉木中挑选出最贴合构想的一根，而后将其固定。沉木固定好之后就要考虑让水草附着其上，我用快干胶解决了这个问题。在注满水后只

有少量水草脱落，比我预想的还要成功。

选择水草时，我以"寄生在绳文杉这样的大树上的藤蔓植物"的印象选择种植了一些三裂天胡荽。底部光线不甚充足，因此让底部的叶片缠绕在树枝上生长，成功营造出一种寄生在树上的感觉。

由于枝条在水面附近展开，几乎覆盖了整片水面，因而在清除玻璃壁上的藻类时，需要将蜜胺泡棉切成小块，而后用镊子夹起轻轻擦拭玻璃壁。

袖珍小榕的叶片上会长出许多须状藻，

水景02

制作要点！

① 用冲击螺丝刀将螺丝钉在枝状沉木上，将其与下方沉木固定在一起。在正式固定之前可先开一个孔，只钉一个螺丝就足够固定住了。

② 为了让沉木看上去像树，可用扎带增加沉木数量，如左图是7根沉木的组合体。因为水草缸放置在侧面也能观赏的地方，所以要让树枝的部分向各个方向伸展。

③ 在袖珍小榕的根茎处涂抹1～2滴快干胶。随后用镊子轻轻夹起后粘到沉木上。考虑到袖珍小榕的生长，需让其顶芽朝向枝头。

处理起来十分麻烦。可在换水时，趁着水面下降，将木醋液涂抹在附生藻类的叶片上来应对。

　　附着在沉木上的袖珍小榕会慢慢长出根，我还记得在它长出几毫米的根时我欣喜若狂的样子。当它的根长到2cm左右时，我甚至感觉与它有了羁绊。这个作品对我有极大的意义，它是我在造景构图上的成功创新，让我看到了水草造景更多的可能性。

水景 01 制作完成 2 个月后的景观。袖珍小榕的根从沉木上垂下来，让人感觉好像已经过了比实际更长的时间。拍摄时，我发现三裂天胡荽太过茂密，袖珍小榕几乎看不见了，所以视整体的平衡修剪了一番。

水景 02 制作完成 2 年后的景观。袖珍小榕附着的沉木枝繁叶茂，较 2 个月前更具自然感，形成了可供人长期观赏的水草景观。更换了水中的活体，将霓虹燕子鱼换成了巧克力飞船鱼和黑线飞狐鱼。

尺寸：正方体（棱长30cm）
照明：金卤灯 Neo Beam4000k，11h/d
过滤器：伊罕过滤器 2213（EHEIM 2213）
底床：水草泥（ADA-Aqua Soil-Amazonia）、河砂、ADA 能源砂 S
CO_2：1 秒 1.5 泡。用 CO_2 扩散器添加
添加剂：每口添加一泵 ADA 活性钾肥（ADA BRIGHTY K）和一泵 ADA 水草液肥（ADA GREEN BRIGHTY STEP2），换水时加入三滴水草活力剂（GREEN GAIN）
换水：1 周 1～2 次，每次换 1/3～1/2
水质：pH6.7
水草：袖珍小榕、微果草、三裂天胡荽
鱼 / 虾：霓虹燕子鱼、巧克力飞船鱼、黑线飞狐鱼

<u>04</u>

无需频繁修剪的低维护水草缸

这个水草缸的主题是"备齐标准的水草造景器材，每2周左右修剪1次即可的低维护水草缸"。我在5s之内决定了容器——棱长30cm的正方体缸，由于其规格小且最大容水量仅为25L左右，因而水质容易保持稳定。然后在10s之内决定了设备——24W的灯泡型日光灯、外置过滤器、CO_2小型高压气瓶。底床选用粉末状水草泥（ADA-Aqua Soil-Africana），初期可能会导致pH值下降，但有强大的净水功能。

该水景的布局非常简单，仅用一根沉木，周边栽种一些水草。整体形象为荷兰风格。为体现荷兰风格的特点，罗贝利是必不可少的。前景草选择了针叶皇冠草，为了避免单调，在沉木后方种了一些罗贝利。栽种的水草大都可以在长势或形态不好时，拔出修剪后重新种植。留意观察整体的平衡，定期修剪一些生长速度过快的水草，这样管理草缸就会比较轻松。

如果保养这样的草缸觉得有余力，那就可以试试用更大的缸造景了。梦想会越来越大，为了不让梦想变为空想，不要犹豫，赶

爪哇莫丝与鹿角苔混合附着在沉木上
演绎出充满自然感的氛围

通过将没有附着力的鹿角苔与附着力很强的爪哇莫丝混合，可以更好地固定鹿角苔，进而营造出自然的氛围。

用牙咬住棉线的一头，慢慢拉长后缠绕，将爪哇莫丝固定在沉木上。

缠绕至爪哇莫丝末端时，再往回缠绕一遍，而后在沉木底部将棉线头打死结。

为了让爪哇莫丝在光照充足的条件下成功附着，需剪去未贴合到沉木上的部分。

根据沉木形状的不同，会存在不平整、不好缠绕的部分。遇到这种情况时，要用手按着线慢慢缠绕，有意识地把线钩在凹凸处。

使用鱼线将鹿角苔缠绕在爪哇莫丝上，尽量固定在光照充足的地方。

将鱼线打结。需注意，如果按压鹿角苔的力度过大，按压过的部分可能会逐渐枯萎，因而操作时要谨慎一些。

跟爪哇莫丝一样，需剪去鹿角苔未贴合到沉木上的部分。

完成。爪哇莫丝和鹿角苔混合在一起生长，会形成非常自然的氛围。

紧付诸行动吧！如果你能管理好这个草缸里的水草，那么也算是有些经验的水草"修剪工"了！

最后我想说："这个草缸果然与金丽丽鱼是绝配！"

尺寸：正方体（棱长 30cm）
照明：24W 臂式灯，11h/d
过滤器：伊罕过滤器 2211（EHEIM 2211）
底床：水草泥（ADA-Aqua Soil-Africana）、ADA 能源砂 S
CO_2：1 秒 1 泡。用 CO_2 扩散器添加
添加剂：底床用固体营养素
换水：1 周 1 次，每次换 1/3 ~ 1/2
水质：pH6.5
水草：针叶皇冠草、日本簧藻、柔毛齿叶睡莲、罗贝利、小对叶、豹纹青叶、印度小圆叶、樱桃叶大柳（Hygrophila corymbosa 'Cherry Leaf'）、泰国水剑、印度百叶草、心叶水薄荷、爪哇莫丝、鹿角苔
鱼 / 虾：金丽丽鱼

$\underline{05}$

为水车前量身打造的 45cm 水草缸

水车前是我特别喜欢的一种水草，主要生长在湖泊、池塘等环境洁净的地方，其特征在于叶片大小和颜色变化较大。

在这个水草缸中，作为主角的水车前被安排在了中心位置，非常引人注目。鹿角苔被配置在下部，与绿宫廷形成对比。后景选用了色彩斑斓的有茎草，它们不同的姿态和丰富的色调，将水车前衬托得更加美丽。

尺寸：长 45cm × 宽 23cm × 高 30cm
照明：ADA solar II 水草灯，11h/d
过滤器：伊罕过滤器 2213（EHEIM 2213）
底床：水草泥（ADA-Aqua Soil-Amazonia）、淡彩砂（ADA-Bright Sand）、ADA 能源砂 S
CO$_2$：2 秒 1 泡。用 CO$_2$ 扩散器添加
添加剂：每日添加 ADA 活性钾肥（ADA BRIGHTY K）和 ADA 水草液肥（ADA GREEN BRIGHTY STEP2），换水时加入水草活力剂（GREEN GAIN）
换水：1 周 1 次，每次换 1/2
水草：水车前、鹿角苔、绿宫廷、爪哇莫丝、小莎草、日本簧藻、日本绿千层、红蝴蝶、细长水兰、黄松尾、小红梅、翡翠丁香、亚拉圭亚小百叶、柳叶皇冠草、牛顿草
鱼/虾：火兔灯鱼、青鳉鱼、大和藻虾、蜜蜂角螺

巧克力飞船鱼的专属水草缸

这是我为人气观赏鱼——巧克力飞船鱼专门打造的 45cm 水草缸。根据巧克力飞船鱼的生长特点进行制作，制作要点如下。

● **产卵前，雌雄巧克力飞船鱼会在隐蔽处互相追逐**

在草缸中间隔摆放熔岩石，形成阴影，人为创造供巧克力飞船鱼产卵、繁殖的环境。

● **巧克力飞船鱼原生水域 pH 值为 4 ～ 6**

草缸的底床选用水草泥，以维持弱酸性水质。

● **巧克力飞船鱼偏好电导率低的水**

因为我所在的地区的自来水电导率低，所以可以直接使用自来水。

● **巧克力飞船鱼喜弱水流**

选用 ADA Lily Pipe 排水管，形成缓慢的水流。

此外，在左右两侧竖着摆放沉木，使之能在底部产生阴影。而后让铁皇冠附着其上，为巧克力飞船鱼创造一片可自由游动的空间。

基于以上几点制作的这个草缸，在确保为巧克力飞船鱼提供宜居的环境的同时，还兼具了美观性，形成了大气沉稳的水草景观。

尺寸：长 45cm × 宽 27cm × 高 30cm
照明：金卤灯，10h/d
过滤器：外置过滤器
底床：水草泥（ADA-Aqua Soil-Amazonia）、ADA 能源砂 S
CO₂：1 秒 1 泡
换水：1 周 1 次，每次换 1/2
水质：pH5.5
水草：矮珍珠、铁皇冠、三裂天胡荽、小莎草、黑木蕨、爪哇莫丝
鱼 / 虾：巧克力飞船鱼、小精灵鱼、锯齿新米虾

也许是因为巧克力飞船鱼喜欢这个草缸，它们聚集在水面处的沉木附近。作为制作者，看到这一幕我心中狂喜。

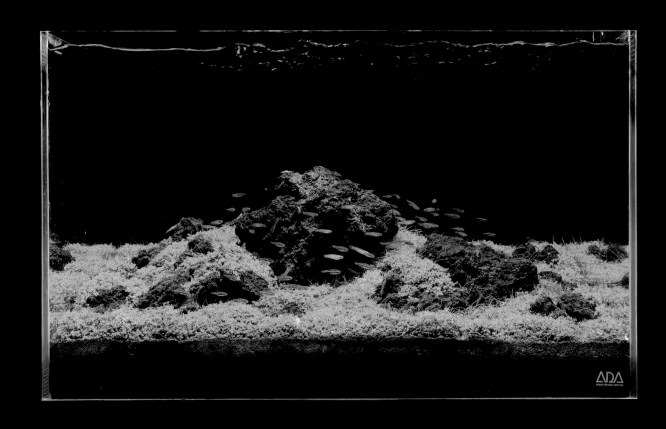

迷你矮珍珠的草原

迷你矮珍珠因其叶片娇小可爱，一直以来被用作前景草。它的培育方法基本成型，适合在水质较硬的环境下栽培，因此有许多爱好者在种植时会加入珊瑚砂。

但在用大型草缸造景时不易使用珊瑚砂。那么能不能用更简单易行的方法培育它呢？带着这样的思考，我创作出了这片水景。我在底床铺了一层水草泥，布局材料选用了不影响水质（不会提高水的硬度）的熔岩石。

水草泥初期会使 pH 值下降，为了解决这个问题，我每周换两次水，每次换 1/2，如此持续三周后，迷你矮珍珠终于成功扎根。此外，我尽量在换水时多换一些，还加

入了促进新芽生长的液肥，如此才造就了这片"迷你矮珍珠的草原"。

水草都有适合其生长的水质范围，像这样不断尝试去调整水质也是一种乐趣。

尺寸：长 60cm×宽 30cm×高 36cm
照明：24W 灯×3，10h/d
过滤器：伊罕过滤器 2226（EHEIM 2226）
底床：水草泥（ADA-Aqua Soil-Amazonia）、ADA 能源砂 S
CO₂：1 秒 2 泡。用 CO_2 扩散器添加
添加剂：每日添加 3 泵 ADA 活性钾肥（ADA BRIGHTY K）、3 泵 ADA 水草液肥（ADA GREEN BRIGHTY STEP2）和 3 滴水草活力剂（GREEN GAIN）
换水：10 天 1 次，每次换 3/5
水质：pH6.8
水草：迷你矮珍珠、牛毛毡
鱼/虾：绿莲灯鱼、蓝眼灯鱼、橘米虾、锯齿新米虾

活用美国凤尾苔的时尚造景

这个作品最初是以热带河口地区的红树林为主题创作的水景（右下图）。白砂上错综复杂的沉木，让人联想到红树科植物的气根。之后一年的时间里，我边思考新的主题边尝试造景，制作出了上图中的这片水景。我在原作的基础上减少了沉木的数量，并将美国凤尾苔缠绕其上，"圆嘟嘟"的美国凤尾苔一改原作充满自然感的氛围，营造出了一种时尚感，与水中灵活游动的玻璃彩旗鱼很是相配。

尺寸： 长60cm×宽30cm×高36cm
照明： 55W 灯×2，10h/d
过滤器： ADA 外置过滤器（ADA Super Jet Filter ES-600）
底床： 水草泥（ADA-Aqua Soil-Amazonia）、山砂、ADA 能源砂 S
CO₂： 1秒1.5泡。用 CO₂ 扩散器添加

添加剂： 每日适量添加 ADA 活性钾肥（ADA BRIGHTY K）、ADA 水草液肥（ADA GREEN BRIGHTY STEP2、STEP3）、TBS EAC 精华露
换水： 10天1次，每次换1/2
水质： pH6.8
水草： 绿宫廷、印度百叶草、三裂天胡荽、大红叶、小红梅、日本绿千层、延药睡莲、印度小圆叶、美国凤尾苔、大叶珍珠草、红雨伞、水罗兰（异叶水蓑衣）、非洲红柳、艾克草、日本簀藻
鱼/虾： 玻璃彩旗鱼

该草缸1年前的水草景观。仕前景中大量使用枝状沉木，营造出自然的氛围。

用红色系水草表现绚丽多彩的四季

虽说都是红色系水草，但其色彩从纯粹的红色，到橙色、黄色等，多种多样。从上图的水景中，我们可以清晰地看到其色彩的丰富变化。

造景的要点在于，不可将形态、颜色相似的水草种植在一处，因为这样会使彼此的魅力都难以凸显。此外，水草种植时应与沉木保持平行，且根据水草的高度呈阶梯式栽种，以凸显其线条美。在水草造景中，红色系水草一般是"独自美丽"的存在，但这样让它们"齐聚一堂"也别有一番趣味。

尺寸：长60cm×宽30cm×高36cm
照明：20W日光灯 ×2，10h/d
过滤器：ADA外置过滤器（ADA Super Jet Filter ES-600）
底床：水草泥（ADA-Aqua Soil-Amazonia）、ADA能源砂S
CO_2：1秒3泡。用CO_2扩散器添加
添加剂：每日添加3泵ADA活性钾肥（ADA BRIGHTY K）、3泵ADA水草液肥（ADA GREEN BRIGHTY STEP2）；每日添加2滴TBS EAC精华露
换水：1周1次，每次换1/2
水草：锡兰小圆叶、大红梅、大红叶、罗赖马狐尾藻、红菊、牛顿草、尖叶绿蝴蝶、尖叶红蝴蝶、非洲艳柳、小红叶、爪哇莫丝、印度小圆叶、红雀血心兰、针叶皇冠草、三色鳗水丁香、大三角叶、达森百叶草、三裂天胡荽、小红梅、南美小百叶、红雨伞、豹纹青叶、波浪椒草
鱼/虾：绿莲灯鱼

10

溪谷

该水景充分利用了容器 45cm 的高度进行布局，构图精妙。即使隐去标题，人们也能清晰地感受到"溪谷"的印象。最初我想用鹿角苔来表现河流的流动，后来选择了与之匹配的石头，自然而然就形成了这样的构图。为表现出布局的距离感，我在水草的选择、种植及修剪方面都下了功夫，同时还考虑了沉木的形状及大小等因素。每日修剪水草，每隔两三天换一次水，这样仅花费 20 天就完成了造景。美丽的宝莲灯鱼也与这个"溪谷"很相配。（该作品获东京 AQUARIO/60cm 缸展示组一等奖）

尺寸：长 60cm× 宽 45cm× 高 45cm
照明：20W 日光灯 ×2，10h/d
过滤器：伊罕过滤器 2217（EHEIM 2217）
底床：水草泥（ADA-Aqua Soil-Amazonia）、ADA 能源砂 S
CO_2：1 秒 3 泡。用 CO_2 扩散器添加
添加剂：每日添加 5 泵 ADA 活性钾肥（ADA BRIGHTY K）和 5 泵 ADA 水草液肥（ADA GREEN BRIGHTY STEP2）
换水：2 3 天 1 次，每次换 1/2
水草：鹿角苔、大叶珍珠草、袖珍小榕、日本绿千层、卵叶水丁香、小圆叶、黄松尾、红松尾、豹纹青叶、大红叶、牛顿草
鱼 / 虾：宝莲灯鱼、黄金钻石日光灯鱼、厚唇丽丽鱼、电光丽丽鱼、霓虹丽丽鱼、神仙鱼、小精灵鱼、大和藻虾

以非洲红柳为主角的缤纷荷兰式水草缸

提前修整有茎草的长度，然后呈阶梯式种植，这样可以凸显荷兰式造景风格。

草缸左侧种植的血心兰（长有大的红色叶子的水生植物）是荷兰式造景风格的典型代表，血心兰的旁边是非洲红柳。非洲红柳漂亮的叶片像大朵的花一样展开，尽显风姿，是这个草缸中当之无愧的主角。

如此，利用水草叶片的颜色及形态的差异，打造成了这片水景。这种造景形式与再现自然风貌的造景形式相比，有着不同的趣味和难点。不妨挑战一下这种造景风格，相信在挑战的过程中你能积累经验，收获很多的乐趣。

尺寸： 长 60cm × 宽 30cm × 高 36cm
照明： ADA 水之天空 LED 水族灯（ADA AquaSky Moon 601），10h/d
过滤器： ADA 外置过滤器（ADA Super Jet Filter ES-600）
底床： 水草泥（ADA-Aqua Soil-Malaya）、水草综合营养剂（极追肥 彩叶）、ADA 能源砂 S
CO₂： 1秒 1.5 ～ 2 泡。用 CO₂ 扩散器添加
添加剂： 每日添加 3 ～ 4mL 的 ADA 活性钾肥（ADA BRIGHTY K）、ADA 水草液肥（ADA GREEN BRIGHTY STEP2）
换水： 1周 2 次，每次换 1/2
水草： 大叶水芹、尖叶眼子菜、细叶水罗兰、羽裂水蓑衣、锯齿紫柳、青叶草、大柳、波多叉柱花、绿蝴蝶、尖叶绿蝴蝶、紫宫廷、南美小百叶、红松尾、香香草、百叶草、达森百叶草、血心兰、非洲红柳、三裂天胡荽、针叶皇冠草、罗贝利、绿水丁香、虎斑谷精太阳、大三角叶、趴地矮珍珠
鱼/虾： 红衣梦幻旗鱼、钻石日光灯鱼、宝莲灯鱼

感受简约造景的乐趣！

这是录电视节目时用到的一件水草造景作品。看似只是简单摆放了岩石与沉木两种天然材料，但从它们的构图方式中隐约可见卓越的技术和造景理论知识。人们在欣赏这个作品时，往往首先会注意到表现水流的主角——石头，而后视线会被旁边的"隧道"吸引。"隧道"营造出了深邃感，而在其右侧种植的百叶草等大叶水草又增强了前后的距离感。

在水草配置方面，控制红色系水草的数量，仅选少量红色系水草点缀其中，再用深绿色的铁皇冠与鲜绿色的绿宫廷、小宝塔等形成对比，使整体看起来张弛有度。此外，还有一些细节需要把控，例如控制后景草的高度，

以留出上方的空间，使得鱼儿能在此嬉戏，进而提升鱼儿的存在感等。该作品用自然质朴的方式表现出生动自然的水景，堪称佳作。

尺寸：长 60cm × 宽 30cm × 高 36cm
照明：Volxjapan 水族灯（Grassy LeDio RX122 Sunset）×1，LED 日光灯 ×2，10h/d
过滤器：伊罕过滤器 2215（EHEIM 2215）
底床：水草泥（ADA-Aqua Soil-Africana）、ADA 能源砂 S
CO_2：1 秒 2 泡。用 CO_2 扩散器添加
添加剂：每日添加 3mL ADA 活性钾肥（ADA BRIGHTY K）和 3mL ADA 水草液肥（ADA GREEN BRIGHTY STEP2）
换水：1 周 1 次，每次换 3/4
水草：矮珍珠、爪哇莫丝、垂泪莫丝（暖地明叶藓）、百叶草、赤焰灯心草、牛毛毡、针叶皇冠草、黄松尾、窄叶铁皇冠、大莎草、珍珠草、绿宫廷、超红水丁香、苹果草（水田碎米荠）、小宝塔、红叶水丁香（葡匐丁香蓼）、南美叉柱花、羽裂水蓑衣、小圆叶、艾克草等
鱼/虾：宝莲灯鱼、金丽丽鱼、红衣梦幻旗鱼、黑扯旗鱼、黑线飞狐鱼、小精灵鱼、大和藻虾

活用莫丝和沉木长期维持造景

该作品以一根独具特色的沉木为基础，将数根枝状沉木连接在一起，表现大树自然的姿态，营造出一种水的流动感。幸好有这根事先选好的沉木，使得这个构图得以顺利进行。但即便如此，在布置沉木时，它有时会"倚"在草缸上，有时又会远离草缸，需要不断地微调它的角度。

在沉木上种植数种莫丝，随着时间的推移，莫丝会渐渐地覆盖整个沉木。种植莫丝能达到的最佳效果便是在阳光倾泻之时，沉木与底床上都遍布青苔，就似一片绿野。

在维护草缸时需要注意以下几点。首先要注意固定好的沉木的状态。随着时间的推移，沉木可能会发生松动，为了不让水

尺寸：长 75cm × 宽 45cm × 高 45cm
照明：ZENSUI LED PLUS 90cm LED 灯（19.1W）×5，10h/d
过滤器：伊罕专业过滤器 3 2075（EHEIM Professionel 3 2075）
底床：RedSea 底砂（Flora Base）、金砂、ADA 能源砂 S
CO₂：1 秒 2 泡。用 CO_2 扩散器添加
添加剂：每日添加 ADA 活性钾肥（ADA BRIGHTY K）、ADA 水草液肥（ADA GREEN BRIGHTY STEP2）；适量添加 TBS EAC 精华露
换水：1 周 1 次，每次换 1/3
水草：趴地矮珍珠、紫宫廷、垂泪莫丝和鹿角苔（附着于沉木）、新加坡莫丝和鹿角苔（附着于沉木）、羽裂水蓑衣、火焰莫丝、鹿角苔
鱼/虾：绿莲灯鱼、宝莲灯鱼、红鼻剪刀鱼、金线灯鱼、阿帕玛三色灯鱼、玫瑰旗灯鱼、黑莲灯鱼、巧克力娃娃鱼、大和藻虾等

景崩塌，要定期查看，必要时重新固定。其次，底床水草（趴地矮珍珠）在保持一定体积的同时，还应根据情况进行大刀阔斧的修剪。因为如果长得太过茂密的话，下部的水草会腐烂剥落。最后，为了长期维持这个景观，每天还有很多工作在自然地进行着，这些日复一日的细致工作积累起来，才有了这片美景。

大树下繁茂的"绿色草原"，悠闲自在的鱼儿……我凭着水草师不服输的精神，成功创作出了这片独一无二的水景。

用莫丝表现水流

　　在很多人的印象里，莫丝生长在潮湿阴暗的环境中。不过，这件以莫丝类水草为主打造的水草造景作品中那饱满的绿意与明亮的光线，将大家对于莫丝的这种成见一扫而光。

　　该作品中最引人注目的就是从中央到左

手方向种植的莫丝类水草。用岩石将各类莫丝隔开，使之层次分明，因为种植莫丝时采用的是线状配置的手法，因而能给人一种水流动的感觉。莫丝类水草旁边种植了浅绿色的矮生毛莨泽泻，两者形成的色彩对比非常优美。通过莫丝和其他水草的巧妙搭配，使

之相互映衬，凸显了彼此的魅力。

　　在制作这个草缸时，由于许多莫丝类水草是首次使用，当时我并不清楚它们能不能附着，因此大部分莫丝类水草都是缠绕在石头上使用的。

尺寸：长90cm×宽45cm×高45cm
照明：39W灯×6，10h/d
过滤器：伊罕专业过滤器 II 2026（EHEIM Professionel II 2026）
底床：亚马孙2代水草泥（ADA-Aqua Soil-Amazonia II）、ADA能源砂S

CO_2：1秒1.5泡。用CO_2扩散器添加
添加剂：换水时适量添加ADA活性钾肥（ADA BRIGHTY K）、水草活力剂（GREEN GAIN）、TBS EAC精华露
换水：1周1次，每次换1/2
水质：pH6.7
水草：泰国水剑、大莎草、大红梅、迷你水兰、矮生毛茛泽泻（非洲迷你皇冠草，*Ranalisma humile*）、小莎草
莫丝：柔枝莫丝、玫瑰莫丝、珊瑚莫丝、新翡翠莫丝、美国凤尾苔、迷你圣诞莫丝、三角莫丝
鱼/虾：金三角灯鱼、小三角灯鱼、小精灵鱼、蜜蜂角螺

享受水草"争奇斗艳"的绚丽水景

这个草缸里最引人注目的是羽裂水蓑衣，它虽属于有茎草，却营造出蕨类植物般郁郁葱葱的感觉，能让人感受到旺盛的生命力。在一定环境条件下，羽裂水蓑衣会由墨绿色变为红色，营造出独特的景观。

在沉木及岩石附近栽种羽裂水蓑衣，待其扎根之后开始修剪（节往上2cm处）。如果不及时修剪的话，叶片会长得很长，如果长到其他水草的阴影中，叶片上会出现窟窿。

另外，这个草缸中还栽种了黑木蕨、袖珍小榕、窄叶铁皇冠、爪哇莫丝等附着能力强的水草，各种水草恣意生长，形成了现在的景象。如何搭配手头有限的材料是造景的一大乐趣，在陪伴水草成长的过程中看它们"争奇斗艳"也是一大趣事。

尺寸：长90cm×宽45cm×高45cm
照明：55W LED白球泡灯×4
过滤器：伊罕专业过滤器3 2075（EHEIM Professionel 3 2075）
底床：水草泥（ADA-Aqua Soil-Amazonia）、细金砂、ADA能源砂S
CO_2：1秒3泡。用CO_2扩散器添加
添加剂：每天适量添加ADA活性钾肥（ADA BRIGHTY K）、ADA水草液肥（ADA GREEN BRIGHTY STEP2）
换水：1周1次，每次换3/5
水质：pH6.8～7.3
水草：羽裂水蓑衣、黑木蕨、超红水丁香、小竹叶、锡兰小圆叶、鹿角苔、袖珍小榕、窄叶铁皇冠、牛毛毡、日本簧藻、爪哇莫丝、马达加斯加蜈蚣草、百叶草、三裂天胡荽、圭亚那狐尾藻、珍珠草、大莎草、绿宫廷、小红梅、细叶水兰
鱼/虾：紫光精灵鱼、宝莲灯鱼、红绿灯鱼

专栏 **3**

媒体与水草缸的结合

追求极致的造景

在从事与媒体相关的艺术造景时，首先要理解甲方想要的形象与概念，其次是表现出视觉冲击力与美感，同时还要讲究工作的效率。这与因兴趣爱好而造景时的感觉截然不同。

媒体画面中的"水"

如果稍加留意，我们就会发现，在电视、电影及杂志上经常会出现一些与水有关的画面，或是鱼儿游动的水族缸，或是微波荡漾的河流，这些艺术场景都需要巧妙地运用"水"的力量。

在电视剧、综艺节目以及各种电视广告中，我们也经常能看到鱼儿游动的场景。即使是我看过的广告，如果画面里有游鱼戏水

的场景，我也会着迷般地多看几遍，不仅是为鱼儿优美的姿态，也是为水中的自然美而倾心不已，这就是媒体展现出的水族缸的魅力所在。

在这些媒体中出现的水族缸是由谁设计的，又是如何造景的呢？相信很多人都有这个疑问。很多人认为这是媒体专门的水族从业者制作的，不觉得这是水族店的工作，所以当知道我从事这方面的工作时都非常惊

有时需要配合外景的拍摄。为拍摄水草光合作用释放出的氧气泡，我在店内放置了摄像机和照明灯。思考如何控制生物的"动作"以使拍摄效果达到最佳，也是这份工作的趣味所在。

这是笔者切割泡沫塑料时的场景。根据演出内容的不同，在搬进摄影棚前，有时需要提前几天进行准备工作。在制作这件造景作品（见第 86 页图）前，我先将设计方案及造景流程全都在脑海中构思出来，之后再落实到造景中。"为客户提供好的作品，一步一步踏实往前走"——这是我用心完成每一件作品的信念。

讶。对我来说，电视及电影布景是一个充分施展水族造景技艺的舞台。

电视台的工作

　　越努力，越幸运。只要不断付出，幸运就可能在某一个恰当的时机降临。我的主业是经营水草及热带鱼的零售店，同时还为客户提供保养水族缸的服务。一直以来，我把为客户提供最好的服务作为开店的宗旨，努力满足每一个客户的要求。我从未想过自己会参与电视节目的布景和演出。

　　我记得大约是在开店半年后，以一次与顾客的交谈为契机，我开始为电视台做造景工作。这位客户是我在造景工作坊工作时认识的，他一直从事电视节目的艺术布景工作。在交谈中，他告诉我节目组要在嘉宾的后方放置 3 个直径 40cm、高 15cm 的圆柱形玻璃缸，然后要在水缸内注入水，利用风幕机让其产生气泡。因为是演出，节目组希望能在其中放入鱼，展现鱼儿游动的画面。

当时一说到鱼，他立刻就想到了我，于是前来咨询我。

　　录制节目的那天早晨，我将鱼儿放入各个玻璃缸，并调整了风幕机产生的空气量。之后节目组便决定将这个鱼儿游动且气泡漂浮的玻璃缸作为常用道具。节目组的常规布景，使用年限一般不会超 3 年，但我的这份工作却破例持续了 7 年之久。

　　这次工作的要点是，和客户的联系转化成了工作的委托。这证明我赢得了客户的信任，并保持了良好的关系。如果客户对我之前的工作有一点不满意，我就不可能得到这个工作机会。我一直将"让客户带着微笑离开"作为服务目标，为此不仅要尽最大的努力，还需要真正热爱这个行业，真心感受它的魅力，这样才能用你的笑容感染客户，微笑才会变成"连锁反应"。

沟通的重要性

　　如今，节目场景布置的要求多种多样。

再现多摩川河的水缸。让生物看上去自然协调，是造景的重点。由于这个水缸在节目中呈现的是自然的多摩川河，不能出现曝气的画面，因而在节目录制前，要关上曝气机，录制结束后再打开，通过人为调整来创造拍摄需要的环境。为了力求逼真，缸底放入了我在多摩川河捡来的铁屑，水面漂浮着凉鞋和球。当水体流动时，凉鞋就会来回漂动。媒体工作中，这种执着精神和超强的想象力是非常重要的。

节目组希望能在这个180cm的水缸中展现1000条小鱼成群游动的画面。媒体工作的特点就是制作时间受限，因而在造景时切忌犹豫不决。这就需要造景师有迅速构思的能力、超强的判断力与丰富的想象力，而这些能力都是从经验中获得的。这个水缸中，我混合使用真水草与人造水草，迅速地完成了造景。

除了要求根据生物的种类来制作之外，也有要求根据设计师的想法来制作的。因而作品要兼具设计美与自然美。

我曾经接到过一份制作以多摩川河的日本沼虾为主题的水景的工作，对方希望通过表现水中经由漫长岁月而沉积的岩石以及河流水光潋滟的景象再现多摩川河的美，还希望能加入水边植物以营造城市中河流流淌的氛围。我在与设计师反复沟通之后，成功制作出了他想要的场景。

我在长180cm、宽60cm、高60cm的缸中放入了沙子、砾石和大小不一的石头开始制作。最终的目的不在于忠实地再现多摩川河，而在于让整体看上去美观。在岩石之间预留出恰到好处的空间，配植上水边植物，之后摆放好沉木。这个过程与水草造景的工作完全一致。水流是重要的要素之一，需多次尝试以找到最合适的水流方向，并决定水流的大小。

以120%的完成度回报顾客

委托人会提出许多要求是因为他们想制作出优秀的节目，而能高质量地完成这些任务才称得上是专业。在追求专业的过程中，时常思考最佳方案会促进你成长，让你灵感乍现，不断涌现出奇思妙想。如果每一次都能高质量地完成任务，那么你的口碑就会越来越好，你的事业也会越来越好。

现在除了店铺内的工作，我还承包一些其他业务，如供应节目组所需的一些动植物、为节目组布置水景等。曾经我以为这是其他领域的工作，但我自己开店获得的经验、积攒的口碑以及客户的信任使我跨入了这个领域，也为我的职业发展带来了更多可能性。

"要做就做到极致，以120%的完成度回报客户"——这是我工作的信念所在。做到100%是理所当然的，只有做到120%才有可能拓宽你发展的道路。

第4章

水草缸 **7** 天造景

要打造出精美的水草缸，

知识、技术、热情和悟性都是必备的。

本章将为你介绍7天造景所需的基础知识，

让你轻松体验水草造景的乐趣。

一天一页，夯实基础！

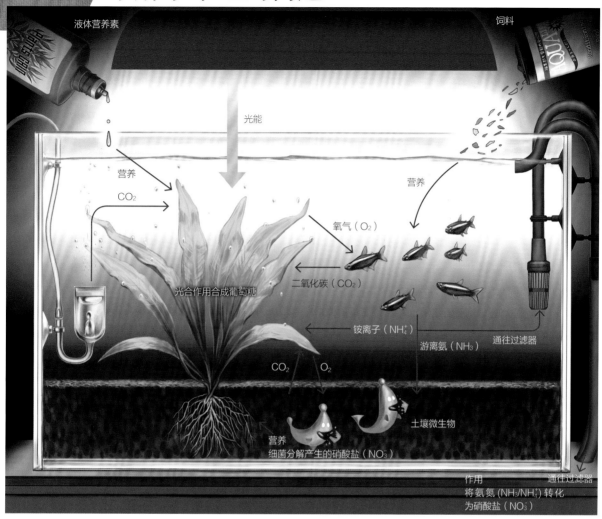

液体营养素　　　　　　　　　　　　　　　　　　　　　　　饲料

光能

营养

CO_2

营养

氧气（O_2）

二氧化碳（CO_2）

光合作用合成葡萄糖

铵离子（NH_4^+）

游离氨（NH_3）

通往过滤器

CO_2　O_2

营养
细菌分解产生的硝酸盐（NO_3^-）

土壤微生物

作用　　　　通往过滤器
将氨氮 (NH_3/NH_4^+) 转化
为硝酸盐（NO_3^-）

在水草缸中再现生态系统

为了培育出美丽的水草，饲养出健康的鱼儿，在玻璃方缸里再现与自然环境相同的生态系统尤为重要。接下来将为大家讲解草缸内的物质循环系统。如果你理解了以下内容，就会明白为什么需要这些饲育器具。

① 通过 LED 灯、日光灯和金卤灯等照明设备，将光能照射到植物上。因为人工光要发挥与太阳光一样的作用，因而灯光要足够明亮。

② 为了促进光合作用，需要添加 CO_2。

③ 植物（水草）利用水和光能进行光合作用以合成葡萄糖并产生氧气。叶片表面释放出氧气气泡的场景是水草缸中非常美丽的景观。

④ 植物（水草）光合作用产生的氧气主要用于鱼类的呼吸。这就是即使不进行曝气，鱼类也不会缺氧的原因。其余的氧气或流入过滤器，或被土壤微生物利用。

⑤ 通过细菌分解及过滤器过滤的作用，鱼的排泄物产生的毒性较强的游离氨（NH_3）被转化为毒性较弱的硝酸盐（NO_3^-），继而成为水草的养分。如果还有部分游离氨残留的话，就需要定期换水。

⑥ 植物（水草）会吸收自身产出的葡萄糖、鱼类产出的氮及饲料中的磷等微量元素，从而合成淀粉等有机物，以促进自身的生长。此外，这种化学反应还起到了净化水质的效果，使得水草生长美丽、茂盛。

⑦ 当水草生长繁茂后，仅靠鱼的排泄物无法为其提供充足的养分，因此需要在草缸中加入固体或液体营养素，从而继续维持草缸内良好的生态环境。

第2天 了解水草的生活方式与生长的必要因素

什么是水草？

大约5亿年前，藻类从海洋迁移至陆地。数亿年前，出现了适合在水中生活的植物。我们称之为水草的植物有95科，439属，约2800种，占植物总体数量（35万种）的0.8%。植物全体59目（APG Ⅲ分类系统）中，含水草的有25目。日本的野生植物约有5700种，约占世界植物总数的1.6%，日本的野生水草有200～250种，约占世界水草总数的7.8%。由上可知，在日本，水草在植物中所占的比例很高，其原因在于日本水资源丰富，且主要以种植水稻为生。

水草是指一度迁移至陆地但又回到水中的植物。它被定义为"由陆生植物再次进化到水中生活，且可进行光合作用的器官（叶和茎）一直在水中或一年里有几周在水中，又或是一直漂浮在水面上的植物"。造景常用的莫丝（苔藓类植物）也是水草，能在水中生存。

水草生长的必要因素

植物生长的必要因素是光、温度、营养物质、空气与水，而水草生长的必要因素是光、温度、CO_2与营养物质。如果有一样缺失或不足，就会影响其正常的生长。虽然水草的生长也需要氧气，但在草缸内几乎不需要考虑缺氧的问题，所以这里就不列举了。

水草的生活方式

大致可分为以下四类（参照右上图）。

漂浮植物：不扎根于水底，整体漂浮在水面或水中的水草。

浮叶植物：像睡莲一样，根长在水底，茎部在水面以下，叶片漂浮在水面的水草。

挺水植物：根生长在水底，叶片与茎部挺出水面的水草。

沉水植物：整株植物全部生长在水面以下，根扎在水底的水草。

水草的形态

大致可分为以下两种形态。

放射状水草：指叶片好像直接从根部长出来的水草，如皇冠草类水草（泽泻科肋果慈姑属）。其叶片也被称为基生叶。它们实际上有茎，但茎极短且节间不明显，叶互生。其叶片并非从根部长出，只

| 菹草（虾藻） | 小宝塔（石龙尾） | 莲（荷花） | 宽叶香蒲 | 芦苇 |
| 沉水植物 | 沉水/挺水/湿生植物 | 挺水植物 | 挺水植物 | 挺水/湿生植物 |

| 紫萍 | 睡莲 |
| 漂浮植物 | 浮叶植物 |

是生长位置接近根部。

有茎类水草：指有明显的直立茎的水草，如红松尾。其叶片从茎部的节间处长出，水草整体垂直于水面或斜向延伸生长。

光合作用与必需大量元素

上一节中介绍了光合作用，即植物吸收光能，分解CO_2和水分并合成葡萄糖以供自身生长的过程。但植物仅靠光合作用维持生长是十分困难的，还需要其他的营养元素。以下是植物必需的9种大量元素，无论缺哪一种，都会影响其正常的生长。

- C（碳）   · H（氢）   · O（氧）

以上三种可从水及CO_2中获得。

- N（氮）：用于合成构成细胞的蛋白质。
- P（磷）：参与光合作用及代谢相关物质的合成。DNA等遗传物质中也含有大量磷元素。
- K（钾）：作为各种酶的催化剂，具有顺利推进生理机能的作用。此外，它在调节水分方面也起着重要的作用。
- Ca（钙）   · Mg（镁）   · S（硫）

必需微量元素

水草的生长也离不开以下8种微量元素。微量元素具有酶促功能，可促进植物进行各种反应。

- Fe（铁）   · Cu（铜）
- Mn（锰）   · Zn（锌）
- Mo（钼）   · B（硼）
- Cl（氯）   · Ni（镍）

以上9种必需大量元素与8种必需微量元素在水草的生长、开花与结果等过程中发挥着重要的作用。

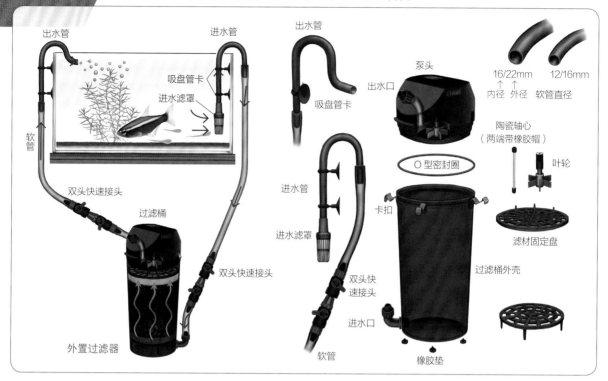

过滤的作用

过滤（过滤器）在草缸中的作用分为以下三种。

①生物过滤

通过微生物分解有机物。

②物理过滤

通过滤棉等过滤肉眼可见的污垢及垃圾。

③化学过滤

通过活性炭等化学吸附污垢。

这三种过滤方式中，生物过滤尤为重要。微生物会将毒性强的氨氮 (NH_3/NH_4^+) 转化为亚硝酸盐（NO_2^-），而后亚硝酸盐再转化为毒性小的硝酸盐（NO_3^-），以维持水质的稳定。

$$NH_3/NH_4^+ \longrightarrow NO_2^- \longrightarrow NO_3^-$$

微生物会附着在过滤器的滤材表面，所以不要因为滤网污渍明显，就盲目清洗。此外还应尽量选择表面积大的过滤器。外置过滤器的过滤能力强、过滤范围广，在草缸、鱼缸中应用广泛。

使用外置过滤器时的注意事项

如果拖动过滤桶的话，很容易造成橡胶垫脱落，所以要注意一下，防止橡胶垫丢失。此外，过滤桶上的卡扣在清洗时也很容易脱落，也要注意不要弄丢。O 型密封圈能防止水从泵头与过滤桶外壳之间的缝隙漏出。注意不要丢失或忘记安装。一旦发现密封圈劣化、出现裂纹等，要及时更换。过滤

桶的进水口是旋转的，如果发生漏水现象，需要及时转动调节。滤材固定盘是上下固定的，安装时不要装反。安装完成后应该是下面的固定盘支架朝下，上面的固定盘支架朝上。由于轴心是由陶瓷制成的，注意不要用力过猛，以免在操作时折断。

软管与双头快速接头（快接）如果仅是插入式连接的话，有可能会脱落，因此需要拧紧快接的螺丝，做好固定。但如果拧太紧又会造成破损，因而要控制好力度。如果快接很难插入软管中，可以先用热水将软管泡软，再进行连接。将快接进出水用的公母头倒装，可防止泵体出现连接错误的问题。快接里也要装 O 型密封圈，密封圈出现破损需及时更换。

如果软管无法拔出，不可强行去拔，可用力往里推，减弱软管壁与快接之间的黏着力，再尝试往外拔，就能轻松拔出了。此外，如果软管太硬，很难与快接连接的话，可以在管壁涂一些水或凡士林，这样就能更顺畅地连接了。

理想的草缸水质

pH（氢离子指数）: 5.8 ~ 7
KH（碳酸盐硬度）: 1 ~ 4dH
GH（总硬度）: 2 ~ 5dH
NO_2^-（亚硝酸盐）: 0mg/L
NO_3^-（硝酸盐）: 0mg/L
NH_3/NH_4^+（游离氨 / 铵离子）: 0mg/L
PO_4^{3-}（磷酸盐）: < 1mg/L
Fe（铁）: ≈ 0.1mg/L

第4天 添加CO₂

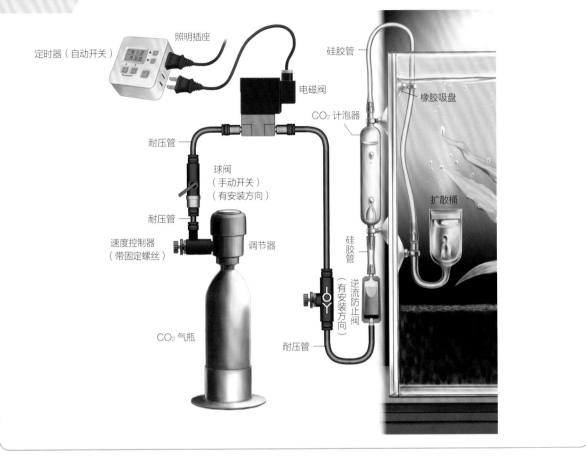

定时器（自动开关）　照明插座　硅胶管　电磁阀　CO₂ 计泡器　橡胶吸盘　耐压管　球阀（手动开关）（有安装方向）　耐压管　速度控制器（带固定螺丝）　调节器　扩散桶　CO₂ 气瓶　硅胶管　逆流防止阀（有安装方向）　耐压管

草缸中必须添加CO₂

植物进行光合作用需要 CO₂。在使用专业仪器向草缸中强制添加 CO₂ 后，水草的长势会肉眼可见地变好。参照上图了解 CO₂ 添加装置各部分的名称，掌握连接的方法。

·CO₂ 气瓶

一般使用 70 g（CO₂ 容量约为 35L）的气瓶，一瓶可用一个月左右，用完后要及时更换。更换时必须将气瓶竖放，以免发生故障。

·调节器

调节器是添加器具的关键零部件，最好在口碑好的店铺购买。调节器与 CO₂ 气瓶接口处如果有污垢，会导致气瓶漏气，更换时需留意一下。

·速度控制器

速度控制器是微调 CO₂ 添加量的零部件，其上有固定螺丝。速度控制器与耐压管的连接是有技巧的，这需要在实践中慢慢体会。

·耐压管

耐压管是连接各附加装置的管，在高压状态下也不会松动。耐压管长期使用会出现破损，这时可直接更换或是剪去破损的部分。不过在修剪时切记

不可斜剪，应垂直剪下。

·球阀

球阀是控制 CO₂ 添加量的手动阀门。

·电磁阀

电磁阀与定时器连接后可自动控制 CO₂ 的添加。如果阀门处有污垢，会导致仪器在关闭的情况下出现漏气，需要注意。

·逆流防止阀（逆止阀）

用于连接耐压管与硅胶管，同时也有仪器关闭后防止草缸内的水倒流的功能。有使用寿命，发现水倒流入耐压管时应及时更换。

·CO₂ 计泡器

用于确认 CO₂ 的添加量，在其中注入水，可计量上升气泡的数量。如果是 ADA 的玻璃计泡器，60cm 草缸的 CO₂ 添加标准是 1 秒 1～3 泡。

·扩散桶

扩散桶是细化 CO₂ 气泡的配件，有多种尺寸，可根据草缸的大小选择合适的尺寸。玻璃材质的扩散桶，如果上面有藻类或污渍的话会异常明显，可将扩散桶在漂白液中浸泡后清理。清理时要小心操作，以免破损。

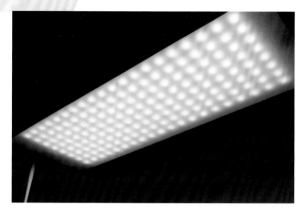

LED灯

LED 也被称作发光二极管。二极管具有单向导电性，因其本身不发热且使用寿命长，已逐渐成为草缸的主流照明装置。现在各个厂家都在销售水草培育专用的 LED 灯，其中也有发绿光和红光的类型。

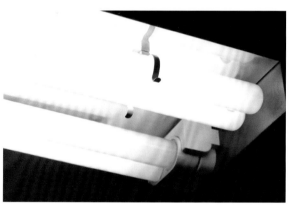

日光灯（荧光灯）

日光灯的光很容易覆盖整个草缸，且只要更换灯管就能调整光色。型号众多，可根据草缸的尺寸选择，60cm 草缸最理想的亮度是 3 ~ 4 个 20W 的自然光色日光灯同时照射的亮度，可亲自尝试一下。随着时间的推移，日光灯的亮度会减弱，因此需要半年到一年更换一次。

金卤灯（金属卤化物灯）

金卤灯是高压气体放电灯（简称 HID 灯）的一种，其特点是发光面积小但亮度高。因为金卤灯会发热，所以会影响水温。用于草缸时，多用专用器具悬挂使用。草缸的顶部是开放式的，因此使用金卤灯可以欣赏水草在水面上方生长的姿态，也可欣赏水波荡漾的景致。

光的单位

K（开尔文/色温）
用客观的尺度将光的色调数值化。自然光的亮度如果用 K 表示的话，如下所示：日出（2000K）、阴天（7500K）、正午的太阳光（5500K）、晴朗的北方天空（12000K）。

Ra（一般显色指数）
表示光源显色性的数值。越接近 100 就越能呈现物体真实的颜色。例如，如果 LED 显示为 Ra95 的话，那么可以说其显色性极好。

lm（流明/光通量）
描述从光源发射出的可见光总量的单位，是衡量 LED 亮度的基本单位。例如，在为 90cm 草缸配置 LED 照明灯具时，笔者使用了 3 ~ 5 个光通量为 2150lm 的 LED。

lx（勒克斯/照度）
将光照强度数值化的单位。当 1m² 面积上所得的光通量是 1lm 时，它的照度是 1lx。

明亮的光照是水草茁壮成长的必要条件，草缸主要使用以上三种照明灯。

照明时间

根据草缸的大小、水草的种类及数量、造景材料的阴影面积等不同，所需的光照也不同，一般情况下应有规律地保持一天 8 ~ 10h 的光照。造景初期水体不太稳定，易滋生藻类，因此将光照时间控制到 5 ~ 6h 为宜。另外，建议连接可自动开关的定时器进行照明管理。

玻璃水草缸
对于90cm以下的水草缸，推荐选用耐用且便宜的玻璃缸。120cm以上的水草缸，可以考虑选用有机玻璃缸。

水草泥底床
水草泥的出现使得人们能够轻松培育出更多的水草。如今市面上售卖的水草泥功能丰富，不但富含水草所需的营养成分，还能调节pH值。

缸及适宜温度

缸体尺寸与水量标准见表1。玻璃缸与有机玻璃缸的特征见表2。这两者都是选缸时需要参考的重要因素，建议牢记。

水草能健康生长的适宜水温是23～27℃。水草和热带鱼大多生活和分布在赤道附近的热带及亚热带地区，因此有必要通过加热器等维持这种水温，以适宜其生存。市面上有使水温保持在26℃左右的自动加热器，长60cm以内的缸可考虑使用。但在水深超过45cm，长120cm以上的缸中，底床附近温度可能会比较低，水草根部受凉后生长会受到影响。这时需要稍微调整一下水温设定，使其保持在27℃左右。

此外，夏季水温会升高，这时可使用降温风扇或草缸冷水机等来降温。如果有多个草缸，最为经济的方法是将其全部集中在一个房间，统一用空调降温。

底床

底床材料中有大矾砂与河砂等无机质材料，也有用泥土烧制加工而成的水草泥这类有机材料。随着水草泥的普及，水草的培育技术有了飞跃性的提高。水草泥有许多益处，其含有丰富的营养物质，能使土壤微生物快速繁殖，此外还能使水质维持在弱酸性，适宜水草生长。水草泥刚上市时，就"征服"了栽培难度极高的南美有茎类水草，其健康生长的姿态令人震惊。现在，水草泥有各种用途的，如可为水草提供充足养分的水草泥、pH值调节能

表 1　**缸体尺寸与水量标准**

缸体尺寸　[长（cm）×宽（cm）×高（cm）]	水量/L
30×18×24	12
30×30×30	25
45×30×30	36
60×30×36	60
60×45×45	112
90×45×45	166
120×45×45	219

表 2　**玻璃缸与有机玻璃缸的特征**

	玻璃缸	有机玻璃缸
耐刮擦程度	耐刮擦	不耐刮擦
重量	重	轻
价格	低（120cm以内）	高（120cm以上）
抗紫外线程度	强	弱（紫外线会导致裂缝）
易加工程度	不易加工	易加工
透明度	透明度稳定	随着时间的推移，透明度会下降
对温度变化的适应程度	强	弱
接缝	明显（硅胶黏合）	不明显（溶剂、聚合黏结）

力强的水草泥等，商家会根据其用途来售卖。

大矾砂等无机材料最大的特点就是不会影响水质，可长期使用。但由于其中缺乏营养物质，因此一般需要埋入底床营养素，并定期清洁底砂，如此便能长久地使用。但有部分商品偏碱性，不适合培育水草，购买时需谨慎。

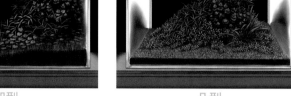

凹型　　　　　　　凸型　　　　　　　三角型

三种基本构图形式

终于到了 7 天造景的最后一天，到了今天想必大家已经掌握了水草造景的基本知识，也了解了造景器具，那么接下来可以学习水草造景的构图了。

水草造景常见的构图形式大致可以分为三种：凹型、凸型和三角型。凹型是指空出草缸的中心区域，在左右两侧种植水草，并放置沉木及石头等造景素材；凸型是指在草缸的中心区域造景，将左右两侧空出；三角型是指将造景的重心放在左侧或右侧。如果你犹豫采用什么样的构图形式的话，可在从这三种构图中选择。

沉木及石头等造景素材是可永久使用的一类材料，建议在实体店里亲自看看其在水中的效果之后再购买。如果预算比较充足的话，也可再多买一点中意的素材。根据我的经验，多买一些以后总能用得到。

有时我将这些素材带回家后试着将其摆放到我的草缸里，结果发现效果与在店里看到的不一样。这或许是因为视角不同。在我的店里也经常会有这种情况，许多客户在购买素材时都会亲自将素材放入草缸里，以观察实际效果，这时他们的视线往往是偏俯视的，而造景完成后一般是从正面观赏，效果会有所不同。因此，在商店选择素材时也要注意草缸正面的观赏效果。如果造景遇到了瓶颈，可以休息一会儿，重新整理一下设计思路，这样或许会有新的想法闪现出米——许多造景师都有过这样的经历。

运用黄金比例

黄金比例是指人眼看到的最平衡、最富有美感的比例，约为 1∶1.618，这个比例在设计等领域运用广泛。不过在造景时无需精准地按黄金比例计算素材的位置。当你不知道石头和沉木该放哪里时，

凹型构图草缸套用黄金比例示意图

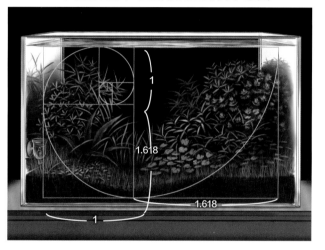

不妨先稍微向左或向右移动一下，这样有利于你找到最合适的位置（参照上图）。

另一方面，在草缸中采用不平衡构图，表现"不稳定的美"，往往也会让人从心底萌生出巨大的感动。不平衡构图是一种以一个不稳定的角度去摆放沉木和石头，从而呈现别样的魅力的构图手法。相信自己的品位，试着搭配一下素材吧。熟能生巧，这也是水草造景的一大乐趣。

流动之美

那些让人觉得很美的水草缸，大都是通过造景素材及水草体现出流动感，有的似河水流动，有的似微风浮动。此外，要想表现出这种美，造景时的热情也十分重要。不管是一时的热情，还是情绪高涨时的热情，都要好好把握。你可能会打造出只有在那个情绪状态下才能做出的绝美水景。

热情与细致本是相互矛盾的，但对于水草造景而言，二者都很重要。保持热情，注重细节，相信你会制作出属于自己的完美水草缸。

第5章

水草培育的基础

　　水草造景是水与绿的交织，能给人们带来平静与安宁。在众多室内装饰物中，水草缸的美也是出类拔萃的。

　　在昏暗的灯光下，水草缸显得尤为明亮，在其旁边落座，欣赏着那些美丽的鱼儿优雅地游动，水草在舒缓的水流中轻轻摇曳着自己的身子，叶片上不停地冒出小小的气泡，气泡顺着水流排成一列，向上浮起……会让人产生置身于自然界中的河流中的错觉。

　　坐在草缸前能让人忘记时间，有时甚至会让人触景生情，潸然泪下。它也会让我们浮想联翩，甚至在今后有可能成为我们生活中不可或缺的一部分。

　　接下来，将以打造水草缸所需的器具为中心，来讲解水草培育的基本知识。

1.打造水草缸的必要条件

　　制作饲养金鱼与热带鱼的鱼缸和制作水草缸的一大区别就是，前者需要养鱼的器具，而后者需要培育植物的器具。

　　在实际的自然环境中，从草原到森林，生物多样性丰富的主要原因是植物。如果某种植物很丰富的话，那么依赖它的动物也会繁荣起来。同样，在水草缸中，水草美丽生长的环境下，鱼儿也更容易健康生长。

·光

　　光是植物进行光合作用必需的能量来源，培育水草需要比饲养热带鱼更为充足的光照。

·温度

　　大多数水草都分布在亚热带到热带地区，因此水温的管理十分重要，这也是许多人容易忽视的一点。虽说是要控制水温，但并不是说将水温调至25℃恒温就万事大吉了，关键是要调至合适的温度并保持其稳定。此外，冬天需保持草缸内的水循环，因此需要慎重决定加热器和过滤器的位置。

·水

　　生命离不开水，草缸内的水草大多需浸没在水中生长。

·CO_2

　　这是饲养热带鱼的鱼缸与培育水草的草缸之间最大的区别。在作为封闭空间的草缸中，水草为了生长而进行光合作用时，通常会缺少CO_2，需要额外添加。打造草缸离不开添加CO_2这个步骤，就目前来说，不添加CO_2等同于造不出美景。

·营养素

　　植物生长需要吸收营养物质。市面上有埋入底床的固体营养素，也有可混入水中使用的液体营养素，两者科学地混合使用，可以使得水草更加生机盎然，使绿色的水草更绿，红色的水草更红艳鲜亮。

·底床

　　这是水草扎根的地方，对于维持草缸的生态系统具有重要意义。

2.器具的选择方法

　　下面具体介绍打造水草缸所需器具的

长120cm× 宽60cm× 高60cm
放置在客厅与厨房的交界处。从任意位置都能看到草缸，可从任意角度欣赏水景。

选择方法。这些都是基础器具，买了一般不会出错。

· 缸

这是基础中的基础。市面上的草缸尺寸丰富，从30cm到180cm不等，也有特别定制的更大的尺寸。很多人说刚入门的人应先用小缸造景，待熟练之后再换大缸，但事实上不少入门级的人都做不到这点，在小缸阶段就结束了。因此，虽说小一点的缸会比较好上手，但如果预算充足的话，还是建议尽量买大一点的缸，这样水体更稳定，造景也会更容易。标准的草缸规格有三种，分别为45cm草缸（长45cm× 宽30cm× 高30cm）、60cm常规草缸（长60cm× 宽30cm× 高36cm）、90cm草缸（长90cm× 宽45cm× 高45cm），建议优先选用这三种规格。

现在，有很多人开始使用所谓的"一体缸"，因为它具备了所有必要的东西，看起来很时尚。 但是，由于后面很难添加其他的设备，而且到了后期也很难处理过滤器及光照不足等问题。因此，如果想长期保养草缸，不推荐选用这种缸。

现在市面上有一种将玻璃板用硅胶黏合而成的全玻璃制缸，我个人认为这种玻璃缸既简约又美观，非常适合水草造景。

· 过滤器

过滤器具有去除水体杂质、分解鱼类的排泄物以使其无害化的作用。在草缸中，主要通过滤材中繁殖的无数微生物（生物过滤），维持草缸内部生态系统的稳定。以清理大型垃圾为主的过滤器（物理过滤）对于草缸的用处不大，此外，覆盖草缸顶部，导致光照减少的上部过滤器、利用空气上扬的浮力带动水流以达到过滤效果的气举式过滤器、底部装金属板以滤水的底部过滤器皆是

弊大于利，不建议使用。

过滤器上标有规格，可选择购买合适的尺寸。当然性能越好，用着就越放心。

过滤器都是全天24小时，全年365天运行的。下面介绍几种适用于水草缸的不同类型的过滤器。

① 外置高效过滤器

在草缸外安装过滤器，仅在草缸内放入进出水的管道，可以节省缸里的空间。适用于大型草缸，过滤效率高，因此可减少过滤次数。过滤时水不会接触到空气，所以不会流失水草所需的CO_2，这也是外置式高效过滤器的优点之一。最近市面上售卖的尺寸越来越多，价格也越来越便宜。

② 内置过滤器（水下过滤器）

这是放入草缸内，用发动机驱动以达到循环效果的过滤器，可在无法安装外置过滤器的情况下使用。这种过滤器的噪声小，但不可否认的是，其过滤能力不如外置过滤器好。此外，它还会占据草缸内的空间，如果用于小型草缸的话，可能会有点影响美观。

③ 外挂式过滤器

这是挂在草缸边缘的过滤器，用垫状滤材达到过滤效果，具有促进水循环的作用。因为更换过滤垫十分便利，所以最为普及，在不能使用前两种过滤器的情况下，可选择使用外挂式过滤器。

· 照明

在植物生长发育的过程中，光合作用扮演着重要的角色，植物可以通过光合作用形成自身生长所必需的糖。光是植物进行光合作用的必要条件。

水草缸的照明方式大致分为三种。第一种是近年来使用很广泛的LED灯，第二种是以前的主流照明灯——日光灯，第三种是以金卤灯为代表的高压气体放电灯（简称HID灯）。

LED灯的优点是使用寿命长，耗电量低、电费低，灯身薄、重量轻。此外，一定程度上可以减少热量的产生。近年来，各个厂家都开始生产水草培育专用的LED灯，其亮度也达到了水草培育的条件。

日光灯的优点是不易产生阴影，因此水草整体的长势较为均衡。即使是在水草培育领域具有领先地位的荷兰，这种灯也被广泛使用。一般情况下，如果使用直管日光灯，45cm草缸需要安装4盏15W的灯；60cm草缸需要安装4盏20W的灯；90cm草缸需要安装6盏32W的灯。

经常有人问：灯太多会不会爆藻？如果仅从光照的角度考虑，光照太充足确实会导致爆藻，但只要保持好光照、CO_2及营养物质这三者之间的平衡，就可以抑制藻类的过度繁殖，因此我们首先要创造一个良好的光

通过适当的管理，水草呈现出美丽繁茂的景象。图中的草缸已有10多年之久。

照环境以确保水草能茁壮成长。

HID灯的特点是发光面积小但光照足，光效高。HID灯不仅有吊挂式的，还有可安装在草缸里的。根据草缸的规格来决定灯的规格，一般来说，45cm草缸选75W，60cm草缸选75～150W，90cm草缸选150～250W。

但与LED灯和日光灯相比，HID灯更易产生热量。而且因为会从一个地方发射光线，所以容易产生阴影，这是它的缺点所在。此外，与LED灯和日光灯相比，其光色偏黄，在这样的光照下水草看起来会缺乏一些柔和美，因此是否选择HID灯还要看个人的喜好。

· 底床

底床除了是水草扎根的地方之外，其中繁殖的微生物还能稳定水质，所以不可随意铺设，需要根据自己的实际情况加以选择。

底床有3种。一种是只用底砂铺设。底砂形状稳定，以养金鱼时常用的大矾砂（所谓的黑色砂石）为代表。底砂的颗粒小且不会引起水质变化，缺点是缺乏营养物质，可通过将固体营养素埋入底床来弥补。

有些人会为保持草缸的洁净而定期取出底砂清洗，这在水草造景中是不允许的。底砂中存在着微观的生态系统，这在草缸内属于极其敏感的部分，清洗底砂会对这个生态系统造成破坏。

另一种是只用水草泥铺设。水草泥是将天然泥土低温烧结而成的颗粒状物质，在现代水草造景中有着举足轻重的地位。在铺有水草泥的草缸里，可以看到水草一派生机勃勃的景象，其茁壮成长的姿态令人惊叹。这是因为水草泥能为水草提供充足的养分，还可以促进土壤细菌及微生物的繁殖。

当然水草泥也不是完美的，它会在铺设初期影响缸内的水质，所以刚铺上水草泥时

需要勤换水。而且随着时间的推移，水草泥颗粒会逐渐粉化，这也是水体浑浊发白的原因，所以水草泥是有使用期限的，需定期更换。

但即使有上述局限性，也不可否认水草泥有利于水草的生长。大部分水草泥含有腐殖质（植物经微生物分解后形成的有机物质），呈酸性，有利于热带鱼和水草的生长。

底砂在促进植物生长方面逊色于水草泥。特别是在草缸内新铺设了底砂时，初期会导致水草长势不佳，还易生褐色的藻类。这是因为底砂自身携带的营养物质少，铺设初期，土壤微生物和细菌都尚未开始繁殖，水草的生长也容易停滞。在铺设初期需要定时换水，同时利用生物去除藻类，如此才可遏制藻类生长，促进水草的生长。

还有一种底床是将底砂和水草泥两种材料混合使用。但根据所打造的水景的不同，混合的种类及方法也会有所差异，需要谨慎进行。可根据草缸的规格来决定两种材料的用量。一般来说60cm草缸的底砂量为12～15kg，水草泥的量为8～12L；90cm草缸的底砂量为30kg及以上，水草泥的量为27L及以上。

· 营养素

营养素中含有氮等必需大量元素以及铁等必需微量元素，虽然每种元素的量不同，但对植物来说都是不可或缺的营养成分。另外，根据植物根的生长方式和叶子的生长方式的不同，其摄取营养素的方法也会有所不同。

很多人认为"加入营养素会导致草缸爆藻"，但实际上，缸内产生藻类大多并不是因为添加了营养素（过度添加营养素除外），很多时候即使不添加营养素，草缸内也会出现藻类。栽培水草时，在底床与水中添加营养素会促进其生长，合理使用营养素甚至可

以遏制藻类的生长。

营养素有以下两种。

■ 底床用固体营养素

可将固体营养素铺在底砂或水草泥下，或是与底砂或水草泥混合，又或是埋入底砂或水草泥中使用。底床用固体营养素大多是长效的，可促使水草茁壮生长。此外还有一些速效的固体营养素，可在水草出现缺肥的症状时使用，效果立竿见影。如果埋入底床中的固体营养素暴露在水中的话，会融化，因此最好不要埋得太浅。不必担心水草吸收不到营养物质，因为水草的根比你想象的扎得要深。

■ 液体营养素

液体营养素对不扎根的水草或扎根但叶片优先吸收养分的水草来说是不可或缺的。特别是对于生长迅速的水草及红色系水草来说，合理使用液体营养素，会促进其生长，使其更好地显色。

· CO$_2$ 添加装置

空气中的CO$_2$约占空气总体积的0.03%，陆地植物可以自由地利用这些CO$_2$。但在草缸内，鱼类呼吸及微生物分解产生的CO$_2$不能满足水草生长发育的需要，因此需要在水中人为地添加CO$_2$。

关于CO$_2$的添加，有使用CO$_2$片剂或是用低压气瓶加扩散桶（倒置容器以添加CO$_2$的装置）添加的方法，还有用高压气瓶添加的方法，这里推荐使用高压气瓶添加。这种方法不仅可以持续添加CO$_2$，而且效率高，对于维持美丽的草缸来说是不可或缺的。现在为了有效地溶解CO$_2$，把CO$_2$细化成小的泡沫后再添加的方法成为主流。

10cm左右的小型气瓶中大约可装35L压缩的CO$_2$，需在植物进行光合作用时，即照明时添加，添加量应根据水草的种类及其茂密程度灵活掌握。

3. 水草缸管理的基本知识

水草缸造景结束后，需要做的工作就是每天的管理了。如果你能享受水草缸管理的过程的话，你的草缸会变得越来越美。

▪ 照明时间

每天提供 8 ~ 10h 照明。理想状态是除了草缸专用照明灯的灯光以外，没有其他光进入，无论何时打开照明灯具都可以（晚上开灯，早上熄灯也没有问题），但每天需有规律地开关灯，如果有可控制灯自动开关的定时器会很方便。如果出现藻类的话（草缸初期较为明显），可每日先照明 5 ~ 6h，后期视情况慢慢调整照明时长。

▪ CO_2

CO_2 添加装置的开关可以与照明灯具保持同步，照明灯具打开，CO_2 添加装置也打开；照明灯具关闭，CO_2 添加装置也关闭。电磁阀可控制 CO_2 添加装置自动开关，而后只需装一个定时器就可同时实现照明灯具与 CO_2 添加装置的自动开关。照明开始 3 ~ 5h 后，可以观察生长较快的水草的叶片部位是否有光合作用产生的氧气泡，如果出现的话说明目前 CO_2 的添加量是合适的。如果有 CO_2 计泡器的话，测量 CO_2 就会更方便。

顺便一提，熄灯后关闭 CO_2 添加装置时，有时会进行曝气。特别是管理草缸的初期，水体不稳定，曝气有利于微生物及鱼类的生长。

▪ 液体营养素

之前已经讲解过液体营养素的重要性，现在讲解它的使用方法。在种植水草后的第三天开始添加液体营养素，添加量取决于水草的数量。开始时可先按所用产品的最小添加量添加，第二天观察草缸内的情况，主要观察藻类的生长情况（藻类生长明显时，需

减量）与水草的长势，而后决定是否要增加液体营养素的添加量。此外，如果实际添加量多于说明书中规定的量，但水草长势不错的话，继续保持该添加量即可。记得每日都要添加，不可懈怠。

▪ 换水的步骤

以下是草缸换水的步骤。

① 拔掉过滤器的电源，关闭 CO_2 添加装置。

② 关闭照明灯具，并拆下草缸上的灯具。

③ 抽掉部分水，达到手没入水中也不会溢出的程度。

④ 取出草缸内需要清洗的器具，如 CO_2 添加装置、过滤器的管道等，并进行清洗。

⑤ 修剪过长的水草，用网捞出漂浮的垃圾。

⑥ 清除玻璃表面的藻类。

⑦ 换掉 1/3 ~ 1/2 的水。

⑧ 加水（提前添加水质调节剂）。

⑨ 重新安装好清洗完的 CO_2 添加装置及过滤器的管道等。

⑩ 接通过滤器的电源并打开 CO_2 添加装置。

⑪ 再次捞出漂浮在水面上的垃圾。

⑫ 安装照明灯具，擦拭玻璃缸。

熟练的话 20 ~ 30 分钟便可完成换水。

4. 水草的修剪

▪ 什么是修剪？

草缸内形成稳定的生态环境后水草便开始茂密起来，这时会出现各种问题，比如很多人都有这样的疑问：水草不停地往上蹿，但底部却非常稀疏，这与书中的成品图不一样。

这时就需要通过修剪水草来美化水景了。修剪不是只在水草生长得过长时进行，平时也需要勤修剪，这样才能维持草缸的美丽。

▪ 修剪方法

如果是细叶的有茎草，当草快长至水面时，需要剪去其长度的 1/2 以上。如果需要修剪的水草旁有沉木、石头或其他水草的话，在修剪时，可以使水草高度与其持平，这样修剪后的断面就不会太明显。修剪后，会从断面附近的节间长出许多新芽，水草也会变得茂密起来。如果修剪次数过多的话，会使得茎秆变细，因此需定期（例如在修剪5次后）将修剪过的水草拔出后修剪根部，之后再插回底床重新培育。

如果是茎秆比较粗的有茎草，需要在接近底床的位置将其"拦腰斩断"，然后将剪下的茎部重新插入底床培育，再次种植时注意控制水草的长度。如果想进行多次修剪，可参考细叶的有茎草的处理方法。拔有茎草时可能带动其根部与肥料一同拔出，需缓慢操作。

对于放射状水草，即叶片自中心呈放射状展开的水草，需要从基部一片一片地进行修剪，以始终保证叶片的平衡。对于苦草属水草等叶片细长的水草，需要在其到达水面、开始横向漂动的位置进行修剪，因为如果在水中修剪的话，其断面会很明显。

对于通过走茎（地下茎）繁殖的水草，可留下其走茎，仅将叶片修剪至合适的高度，或将伸长的走茎拉出来剪掉。

对于爪哇莫丝等附着在沉木及石头上的水草，需要用短剪刀勤修剪。

对于铁皇冠等根茎（延长横卧的根状地下茎）及地下茎附着在物体上生长的蕨类植物，一般是修剪其过于茂密的叶片。如果根茎太过发达，也可将其拔出后剪掉。

修剪工作中重要的是细心观察每种水草的生长，了解其适不适合修剪以及如何修剪，把握其特点。相信多尝试几次，你就能掌握修剪方法，这份工作也会变得有趣起来。

25cm 宽的小型草缸。如果能严格地遵守基本原则来管理草缸，就能用技术和经验弥补小型草缸水量少、难保养的缺点。

5.让美丽的鱼儿在草缸中畅游

好不容易制作出了漂亮的草缸，不放几条鱼吗？如果有这个想法的话，可以先尝试放入一些可抑制藻类生长的鱼（详见第6章藻类的处理方法）。为了抑制藻类的生长，可在水质合适的情况下先放几条好养的小精灵鱼，然后放几只大和藻虾。之后观察它们在水中的动作，只要能正常游动就没有问题。

通常，草缸成型1周后放入小精灵鱼，成型1~2周后放入大和藻虾，第3周放入观赏鱼，这样的顺序比较好。草缸不同，放入的顺序也会有差异，如果不放心的话，最好在造景完成之后再养鱼，这样不容易失败。

不要将鱼猛地放入草缸，要慢慢放入后等它适应草缸的水温和水质。有时鱼会在放入草缸几天后毫无征兆地死掉，这多半是因为不适应草缸的水质，也就是所谓的"pII休克"，所以在养鱼时要格外注意水质的问题。

6.结语

管理草缸最重要的，是倾注热爱。

第6章
藻类的处理方法

在草缸管理的过程中，最常见的问题就是如何处理草缸里的藻类。许多人试图按照书上或是网上的指南来解决这个问题，但没有成功，这是为什么呢？其实理由出乎意料的简单。

这些指南绝大多数都是正确的。但即使是撰写指南的作者，在写之前也一定会去阅读以往的文献资料，所以即使指南中90%的内容都是可用于实践的真理，也会有10%的内容难以指导实践。

关于处理藻类的方法，我想到了一个副标题可以概括我的思想——"最终版！用非同寻常的办法击退藻类"。

虽然这里用了"非同寻常"这个词，但归根结底，如果不能稍微采取一点非同寻常的办法来去除藻类的话，那么无论过多久都无法抑制藻类的生长。因为人的冲劲儿是一时的，一开始或许还信心满满地想要去除藻类，但随着时间的推移，你会越来越懒散，更别说去除藻类本身就是一件令人提不起兴趣的工作。

我以经营水族店为业，每天制作着能与客户产生共鸣的、接地气的草缸，希望我应对藻类的策略能为大家提供参考。下面一起来看看，我在实际打造草缸的过程中是如何应对藻类的吧。

1.藻类产生的原因

首先要弄清易产生藻类的环境。接下来将列举几项易产生藻类的情况，如果有一条符合，那么即使现在你的草缸内没有出现藻类，以后也有极大的概率会出现。提前了解藻类出现的原因是很有必要的，因为预防比治疗更重要。

·造景完成后的1～6周易产生藻类

不论是哪种草缸，在这段时间内都会出现藻类，这是由于过滤器中缺乏能捕食藻类的微生物所造成的。如果其他地方没有问题的话，那么这些藻类过些天就会平息，不处理也不会有大问题。

但对于刚开始管理草缸的人来说，不知道这一点可能会很受挫。他们或许会一出现藻类就将草缸里里外外全都清洗一遍，而后陷入出现藻类与清洗草缸的循环中无法自拔。

·过滤器不适配草缸

通俗一点讲，就是过滤能力不足。有人说着"刚开始不要放太多鱼，先看看情况再说"，结果一周后就在草缸里放了50条鱼，这是很正常的（你可能也经历过这种事）。没有什么比你脑子里想象的鱼的数量和种类更不靠谱了。看到眼前的草缸空着，就不由自主地想加点什么，这是人之常情。

因此，过滤器应与适用草缸尺寸的最低值匹配，比如60cm草缸不能选用适用于45～60cm缸的过滤器，应该选用适用于60～75cm缸的，或是更高效的过滤器。如果是上部过滤器等不易更换的过滤器，可以在原先的过滤器的基础上，再添加一个过滤器，作为子过滤器。

· 草缸内的生物过多

一辆普通的出租车坐不下 8 个人，现在的飞机也不可能容纳 3000 人。凡事都讲究一个度，生物太多不仅会使得藻类丛生，还会威胁到生物自身的生存，因而一定要注意控制数量。至于养多少合适，取决于草缸的综合条件，不能一概而论，也难以总结出"多大尺寸的草缸适合养多少"这样的标准。正确的做法是由少到多，边观察边循序渐进地加入生物。

· 饲料或水草营养素过多

与人进食有一定的限度一样，鱼也并不是吃得越多越好，喂养时要把握好度。有人觉得可以多喂一点，然后把吃剩下的饲料捞出来，这种想法是很荒谬的。在这个世界粮食问题尚未解决的时代，就算是喂鱼也应该控制量，不要过度喂养。

一般养鱼时，一次投喂鱼 3 ~ 5 分钟能吃完的量即可，1 天喂 2 次。但在草缸里，这个量也算多了。有些鱼进食慢，还有一些夜行性的鱼不会在白天进食，所以要根据鱼的种类来合理喂养。

培育水草的草缸还要考虑液体营养素与固体营养素过剩或不足的问题。一些营养素中含有氮、磷酸及硅酸，这些元素累积会促进藻类的产生，但只参照说明书上的标准来添加营养素是很危险的。即使是同样规格的草缸，种 1 根水草和种 100 根水草时的情况是截然不同的，要根据草缸内水草的实际情况决定营养素的添加量。有时虽然草缸内出现了营养素不足的情况，但部分元素还是会累积，导致藻类出现。

· 换水不及时

在现代观赏鱼的饲养技术中，换水是十分重要的一项。如果仅是想让鱼存活的话，那么不换水也行。但如果是想在草缸内养鱼，那就需要为鱼的健康"负责"，还要兼顾养鱼的乐趣。而且考虑到水草的生长，也不得不定期换水。

换水一般是 1 ~ 2 周换一次水，每次换 1/3 ~ 1/2，当然这只是一个参考，也有例外。如果只考虑换水的话，在熟练的情况下 10 ~ 20 分钟就能换完。如果连换水都做不到，又何谈预防藻类呢？这是一项基础但非常重要的工作。

· 光线过多或不足

许多生物都需要在阳光下才能生存，而阳光下也正好适合藻类生长。阳光照射加之阳光下水温的上升都会促使藻类产生。因而草缸应尽量摆放在背阴处。

此外，虽然金卤灯和日光灯比太阳光的影响小，但如果照射过量或照射时间过长也会使得藻类丛生。另一方面，有部分藻类在光照不足的条件下容易产生。

适当的光照时间及光通量也十分重要。根据灯光的种类不同，其标准也有差异，建议在购买时确认一下。另外，如果草缸放置在家以外的地方，就不太好控制其照明的时间，这种情况下，为了尽量保证光照时间规律，最好使用定时器来进行管控。

· 污垢的累积

这里说的污垢指的是沉积在底床及滤材等处的物质，这也是导致藻类产生的原因之一。即使是打理得不错的草缸，随着时间的推移也会逐渐产生污垢，必须用你敏锐的观察力来尽早发现它们。有一些看得见的预兆，比如，水草长势不佳、水体变得黏稠或发黄、水面不断产生油膜等，出现这些情况就需要考虑可能是污垢累积导致的结果，要及时处理。

顺便提一下，如果底床材料选用水草泥的话，其颗粒会随着时间的推移而粉化，在鱼类或水流的作用下从底部浮到水中，导致水体浑浊，部分还会落在叶片、石头及沉木的表面形成一层薄薄的"泥衣"，阻碍水草的光合作用，从而导致水草长势不佳，使得叶片等部位出现藻类。

·其他原因

导致藻类产生的原因还有水流过强、水质偏碱性、水硬度高等。

水流过强这个问题不难解决。关于水质偏碱性，草缸内水的酸碱度是根据鱼的饲养条件来调整的，并不能因为出现藻类就调整酸碱度。除了非洲慈鲷等适合在 pH 值高的环境下生存的鱼类外，大多数的鱼类适合在弱酸环境下生长，可视草缸内观赏鱼的种类适当调整酸碱度。对于水的硬度，除非是特别硬的水，否则不需要特别处理。

以上所说的几点原因，你的草缸符合几条？在正式去除藻类之前，尽可能地找到藻类产生的原因，接下来就该与藻类"战斗"了！

2.藻类的消灭方法

在下文的不同藻类应对策略表中介绍了几种消灭藻类的有效办法，是我根据自己多年与藻类战斗的经验总结出来的效果最好的方法。不过话说回来，世界上没有两个环境一模一样的草缸，只要有生物存在，谁也不知道会发生什么——生物状态异常或是死亡、水草枯萎、草缸内部的生态系统崩溃等情况都有可能发生。我在优先考虑去除藻类的效果之后制成了这个表格。饲养生物是以为其生命负责为前提的，因此在实践时要谨慎为之，如果有哪一点不太明白的话就要思考清楚再行动。

我在这个表中还介绍了漂白液的使用方法。以我的经验来看，用漂白液去除藻类是非常有效的一种办法，但也伴随着一定的风险，所以不能滥用。或许有人并不赞成我的做法，但如果还用那些传统的去除藻类的办法，就永远也无法彻底清除藻类，只是单纯地陷入与藻类的"拉锯战"罢了。草缸的世界魅力十足，希望大家在追求更高水平的同时，体味其中的乐趣。

在去除藻类的过程中，最重要的是要亲身经历失败，用心体会并记住正确的方法。我在本章开头提到，指南中有 10% 的知识无法令人轻易掌握，因为那是只可意会、不可言传的，需要在实践中慢慢体会。

污垢竟在这里……

玻璃出水管上有藻类附着，不美观。

添加 CO_2 用的玻璃球上也满是藻类。如果放任不管的话，藻类会堵住小孔，导致无法冒出 CO_2 气泡。

玻璃容器的表面有斑点状的藻类。

不同藻类应对策略表

- 除藻鱼类的数量及除藻药剂的使用量均以 60cm 草缸（约 50L 水）为基准，若草缸尺寸不同，请进行相应的换算。
- 除藻药剂需谨慎使用。

应对藻类的3条法则

1. 水草应尽量密植！
2. 定期换水！
3. 利用生物除藻！

藻的种类	特点	处理方法	除藻生物
黑毛藻 （刷状藻）	形态似黑色的毛刷，一般附着在大矶砂等底砂上，或是石头及沉木等造景素材上 　　草缸在初期不易产生黑毛藻，但随着滤材及底床内的有机物不断增加，黑毛藻也会开始生长。人们普遍认为黑毛藻易出现在有水流的地方，我认为它们是易出现在水源处，个人猜测黑毛藻在颗粒上附着后会随着水流漂往四处	如果附着在石头及沉木上的黑毛藻较少的话，可直接用指甲刮掉；如果附着在底部的话，不论多少，都要用软管泵等工具将其吸出，这样效率高 　　在出现大片黑毛藻的情况下，将水位降至最大限度，在产生黑毛藻的地方用刷子涂上稀释了 10 倍的以次氯酸为主要成分的漂白液（以下漂白液指的都是这种），涂 2 遍。涂抹完毕后，静置 10 分钟再加水，加水时不要忘记添加中和剂。通常这样处理后，黑毛藻会变白，而后逐渐枯萎，最后消失 　　除藻生物可选择 10 条 5cm 长的黑线飞狐鱼。另外，将 5 ~ 7 只蜜蜂角螺贴在黑毛藻产生的地方，效果也很好。除藻结束后，需定期清理底床，以预防黑毛藻再生	黑线飞狐鱼 蜜蜂角螺
丝藻·须状藻	顾名思义，这是形态像丝和胡须的 2 种藻类，色彩的变化很丰富，长度从几毫米到十几厘米不等 　　易附着在叶子的表面及边缘、沉木与石头上，或者出现在过滤器的管道内、底砂的表面等。不论是新草缸还是旧草缸都可能会出现丝藻 　　这种藻类出现的原因基本上与第 70 页"藻类产生的原因"中总结的原因相同，也有人认为它们是草缸建立初期过度添加 CO$_2$ 造成的。总之，这是我个人最不希望出现的藻类	与黑毛藻一样，可用漂白液清除。对于附着在柔软的叶片上的丝藻和须状藻，为了防止叶片枯萎，可用稀释了 20 倍的漂白液处理，同时缩短干燥时间 　　除藻生物可视实际情况选择 30 只大和藻虾、7 ~ 10 条黑玛丽鱼、10 条黑线飞狐鱼，但要防止生物啃食水草	大和藻虾 黑玛丽鱼 黑线飞狐鱼
绿藻	一种悬浮在水中的绿色藻类，会使水变绿，影响美观。在开缸初期，滤材中能"捕食"这种藻类的微生物较少，因此容易滋生。此外，阳光直射、光照过多、过滤器过滤能力不足，都会导致绿藻泛滥成灾 　　总而言之，除了光照问题以外，这种藻类的出现都与过滤器有关	消灭绿藻最有效的方法是使用紫外线杀菌灯，在杀菌灯与草缸的规格适配的情况下，早期的绿藻 1 ~ 2 天就可清除完毕。如果预算充足的话，建议买一盏以备不时之需 　　除了使用杀菌灯之外，还可以通过添加细菌、每日换水（全换）等方法来除藻。但如果有杀菌灯的话，就不需要用到这些方法了	不依赖生物除藻

藻的种类	特点	处理方法	除藻生物
蓝藻	可以用"臭、脏、泛滥成灾"来形容蓝藻，是一种极不受欢迎的紫菜状深绿色藻类。有极少数蓝藻颜色不同且没有异味，这类蓝藻的繁殖较慢，也容易用软管泵等工具吸出 蓝藻实际上是蓝细菌的一种，看上去很像藻类。蓝藻出现后鱼会显得很有精神，它或许有预防鱼生病的作用吧。蓝藻出现的原因很多，即使是环境好的草缸也可能会生出蓝藻。因而一旦出现，必须果断采取措施。在草缸里，它往往出现在有阳光照进的底床内部	可使用一种治疗观赏鱼细菌性感染的颗粒剂（药名：グリーンＦゴールド）来除藻。关闭照明设备与 CO_2 添加装置，然后进行曝气（只需将过滤器的出水口拿出水面，使空气进入即可）。新的活性炭会吸附药物中的色素，所以要去掉 加入 1.5 ~ 2g（每 50L 水）的药物，然后静置 5 ~ 8h。对于生长在底床中的蓝藻，用尖头玻璃滴管吸取药液，而后滴至底床内来去除。加入药的地方，蓝藻会从绿色变为褐色。待蓝藻全部变色后，处理就完成了 在不影响鱼类的前提下，还可以通过换水来除蓝藻。第一次换掉 2/3 ~ 3/4。第二天再次换水，至少换掉 1/2，这样除藻的效果会很好。这个方法对水草也会有影响，需谨慎操作	不依赖生物除藻
褐藻	浅褐色的藻类，其中以硅藻居多。褐藻会呈薄层状附着在玻璃表面、呈带状附着在水草及石头上，或呈云朵状"隐藏"在水草间的缝隙里 附着在玻璃表面的褐藻可直接擦拭去除；漂在水中的可用网捞出，或简单地用牙刷勾出。必须果断处理，如果放任不管的话，不久后褐藻就会覆盖整个草缸。褐藻在过滤器未启动或光线较暗的情况下易繁殖	去除褐藻最有效的方法是定期换水结合刮藻刀清理。1 ~ 3 天换一次水，每次换 10L 或以上。换水时，用软管吸出草缸内漂浮的褐藻，再用刮藻刀等刮掉附着在玻璃表面的褐藻。如果强行去缠绕在水草上的褐藻的话，可能会导致水草脱落，要适可而止。如果可以每天执行此操作，则至少要持续 10 天，如果每隔几天操作一次，则至少要进行 7 次，才能彻底去除褐藻 在褐藻出现时，可放入 20 只大和藻虾、7 条小精灵鱼、5 条黑玛丽鱼进行生物除藻，同时进行曝气（可仅在夜间进行，也可 24 小时连续进行） 通过上述操作，几乎能够去除所有的褐藻。清除褐藻尤其需要依靠大和藻虾，如果看到有虾行动迟缓的话，可另换一只放入	大和藻虾 小精灵鱼 黑玛丽鱼

迷你水草缸与玻璃方缸组合造景作品的除藻方法

4种工具助你轻松除藻

用刮藻刀将缸壁的藻类均匀地刮掉。

用带有不锈钢刀片的刮藻刀清除缸底附着的藻类。

刮藻刀刮不到的地方可用镊子夹起蜜胺泡棉进行清理。注意不要让镊子刺穿蜜胺泡棉，以免划伤玻璃表面。

牙刷能刷掉一些细小的藻类和污渍，使用很方便，建议准备一支。

藻的种类	特点	处理方法	除藻生物
 斑点藻	主要出现在玻璃表面或是袖珍小榕及皇冠类水草等的叶片上。呈绿色斑点状附着 有时在倒水时会闻到一股水藻味，这种气味很难用语言形容，我称它为"水藻味"。与前面蓝藻的臭味不同，斑点藻的异味并不明显，但这种气味只要闻过一次就能记住，可通过气味判断缸内是否有斑点藻滋生 在草缸保养得不错的时候常会出现这种藻类，光照充足或生态系统尚不稳定时也极易出现。此外，如果是新陈代谢慢的老叶的话，无论光照条件如何，都会产生斑点藻。斑点藻多出现在袖珍小榕的老叶上，如果看到它附着在新叶上，就说明袖珍小榕不太适应目前的生长环境	先擦拭玻璃表面，然后换掉1/2的水。之后每天用磁力玻璃清洁器清洁玻璃表面以防止藻类再生。用剪刀剪去附着在叶片上的藻类，特别是附着在皇冠类水草的叶片上时，应及时剪去。如果是袖珍小榕等叶片坚硬的水草的话，应将其从水中取出，或使其叶片伸出水面，而后用刷子将稀释了5～10倍的漂白液涂抹在斑点藻附着处，静置5～10分钟后用水冲洗掉残留的漂白液，之后将水草放回水中。我有时会将涂抹了漂白液的水草直接放回水中，再在水中加入适量的氯中和剂 对于玻璃表面难以擦拭到的死角，可用刷子蘸取剩下的漂白液涂抹在上面，静置3～5分钟后再加水，然后添加氯中和剂 如果愿意花时间的话，也可以选择竹醋液、木醋液来除藻，效果也不错 除藻生物可选择10～15条小精灵鱼、10只左右的蜜蜂角螺，它们不会直接吃掉斑点藻，而是反复地舔舐，从而抑制其生长	 小精灵鱼  蜜蜂角螺
 水绵	像绿色丝线一样的藻类，一般缠绕在水草间或砂石上，还会附着在爪哇莫丝等莫丝类水草上。似乎环境好的草缸中更容易产生水绵，不过主要原因还是来源于外部环境（多以肉眼看不到的大小混入草缸）	最头疼的就是它会附着在鹿角苔或爪哇莫丝上，这时需要下定决心将被附着的水草全拔掉，不然会没完没了地长个不停，很难彻底清除。如果只附着了一点，可用镊子夹出 如果附着在鹿角苔及爪哇莫丝以外的地方，要用做棉花糖的方法，将其缠绕几圈后取出。但如果在这个过程中水草有脱落的迹象的话，不要硬去清理为好 可放入20～30只大和藻虾、5～7条黑玛丽鱼、5条黑线飞狐鱼来进行生物除藻。之后再出现的话可用镊子清除	大和藻虾 黑玛丽鱼 黑线飞狐鱼

清洗玻璃器具上的藻类的方法

❶ 将规定量的玻璃容器专用清洗液（如ADA的Superge）加入水中，然后将器具放入其中浸泡。

图示为藻类和污渍明显的出水管、添加CO₂用的玻璃管、球阀等。

❷ 浸泡1h后，基本能除去所有的藻类。

❸ 在清洗液难以充分浸泡的弯曲部分，可用清洗刷去除藻类，动作要小心，以防弄碎玻璃管。

❹ 最后用流水冲净管内的清洗液，就全部完成了。勤做这项工作，就能使玻璃器具保持清洁状态。

向大自然学习

造景的 3 个基本步骤

富士山五合目
观察大自然，可以提高造景的审美。即使是同一个地方，每个人捕捉到的风景也大不相同。从各个角度观察景色，并通过素描或照片等记录下这些美景。

世界上独一无二的水草造景

近几年水草造景行业发展迅速，出现了许多优秀的作品，有的展现出了瀑布"飞流直下三千尺"的大气；有的展现出了"空中浮石"的妙趣。这些作品都原汁原味地再现了自然风貌。还有部分作品在造景时运用了新的技法，都可以称得上是艺术品了。

许多刚入门的人，面对如此完善的水草造景缸时不知道该如何入手。想不出如何构图，也不知道如何选择造景素材，这令他们十分烦恼。不过别担心，对于大部分喜欢水草造景的人来说，最快乐的事莫过于亲自布置自己收集来的石头和沉木等造景素材了。摒弃一切杂念，专注于一件事，从构图开始慢慢打造一个世界上绝无仅有的草缸，这种乐趣是无可比拟的。

制定计划

对于有明确的制作期限的草缸，要从截止日期开始往前推算，确定正式开始制作草缸的时间，以及可以在布局构图上花费的时间。草缸的布局形式多样，例如，以苔藓与沉木为中心来表现森林腹地的布局；用整齐的小莎草与矮珍珠来表现生机勃勃的草原的布局；用铁皇冠与黑木蕨附着在沉木上来表现繁茂的树木的布局；用多种有茎草表现花园的布局；等等。根据选用的水草以及想要制作的水景形式的不同，需要花费的时间也有很大差异。因此，要想在有限的时间内制作出美丽的草缸，就需要明确每个阶段要花费的时间，以及

具体的操作方法。事先制定好计划是非常重要的。

不管是出于兴趣还是工作需要，怎么设计水景、怎么布置石头与沉木等造景素材才能显得更美呢？

造景的技巧之一就是模仿别人的作品，这是提高造景水平的一条捷径。只要在网上检索"水草造景"，就能搜到很多的造景图，可以在造景时进行参考。但实际上没有一个可以从各方面查看的实物，单凭网上的平面图片，很难了解图片上看不到的部分该如何制作，模仿起来也会比较困难。因此，需要造景者对自然界的风景有充分的认识，这样才能让制作出的水景更自然和谐。

造景的3个基本步骤

（1）掌握自然规律

大自然是有规律的，比如森林里树木的朝向、河里的石头、苔藓或植物的生长方式等，都有规律可循。如果你能停下来仔细观察自然，即使是在附近的公园中，也能找到许多造景的灵感。没错，走出去不断观察自然规律，而后自然而然地就懂得如何布局了。我习惯从一根沉木或是从一块石头开始造景，摆好一根，再摆第二根……如果掌握了自然的规律，那么在这个过程中就能少一

分彷徨，多一分游刃有余。

　　首先，去附近的公园或美术馆等树木茂盛或者有美丽庭院的地方看看吧。没有必要非到完全自然的野外，通过仔细观察附近的自然景观，也可以找出可供参考的模型，获得造景的灵感。掌握自然规律不仅会让水草造景变得更有趣，还会成为提高造景水平的契机。

（2）找到喜欢的风景，记录下来

　　在森林公园等地漫步时，可以留意寻找自己中意的风景。树的形状、树干与枝条弯曲的方式、几棵树组合的方式、倒树与青苔的组合方式等，都具有很大的参考价值。此外，记得仔细观察一下大自然中石头的排列方式，比如大小石头的搭配、石头的朝向及石头上青苔的附着方式等，如果发现心仪的布局，可以尝试用笔勾勒出来。在粗略画完整体的景观后，可用心画出特别有参考价值的那部分，这样就能明确重点，以便于在实际造景时把握素材的特点。最好能将画好的画面上色，记录下自然景观中色彩的明暗对比，这样在造景时就可通过水草的颜色来表现自然的色彩美。如果用手绘无法完全表现出来的话，可以通过摄影来捕捉更多的细节，方便之后参考。

　　水草造景的另一个重点便是表现纵深感。在用画笔记录这种纵深感时，要掌握"近大远小"的透视规律，把前面的素材画得大一点，越往里画得越小一点。这样可以将自然景象的纵深感真实地记录在纸上，方便造景时参考。

（3）将心仪的风景再现于水景中

　　当你想在草缸中再现你看到的风景时，建议你先看看水族店里的沉木与石头。如果用一根沉木不行的话，可以组合多根沉木来再现自然风景。石头也一样，可用多块石头

屋久岛
石头的排布方式、青苔的附着方式等自然的形态都可以成为造景的参考。

来体现景观的连续性。但如果选择许多同样大小的石头的话，就很难表现出景深感，所以要有意识地选择不同大小的石头。另外，需注意石头与石头之间的衔接，为了让接缝看起来很自然，可用小粒的石头来衔接。与自然风景一样，沉木与石头等造景素材看得越多，挑选素材的眼光也会越好。选择造景素材的过程，也是灵感迸发的过程，你可以尽情地享受这个过程。

　　　　　　　●

　　在充分享受了身边的自然风光之后，可以尝试去野外的大自然中探索一下。大自然中到处都是造景的"参考指南"，你可以从中找到属于自己的风景。当你开始意识到造景的布局时，你观察景色的方式也会发生变化。当然，我也是其中之一。

第 7 章

从亚马孙河的自然生态中获取造景灵感

"从大自然中获取造景的灵感"。
这是在水草造景的世界里，
经常听到的一句话。
2014 年夏天，
我来到了热带鱼与水草的圣地——亚马孙，
并在当地进行了实地考察。
回国后，我将旅程中的灵感注入草缸中，
制作出再现亚马孙景观的水景。
我想在此与大家分享我的经历。

文・草缸制作・现场拍摄 / 早坂诚
合作 / 田中法生（筑波实验植物园）、
日本国立科学博物馆、TBS
草缸拍摄 / 石渡俊晴

每个去亚马孙河的人都有其各自的理由，我也不例外。我为去亚马孙做了很多的准备，需要准备的东西太多，这甚至让我有点手忙脚乱。连进入巴西的签证手续都需要亲自办理，为此我已经数不清自己去过多少次巴西领事馆了。我很少去国外，现在想来，当时的我对于那次亚马孙之行不仅有期待，也有不安。

1. 拍摄于潘塔纳尔的水路。这次出行主要是为研究水草，这是为数不多的鱼的照片之一。图中可能是宝贝鼠鱼。
2. 潘塔纳尔到处都有水豚在游荡。早上钓鱼的时候，一只水豚明目张胆地坐在了离我 3m 远的地方，吓我一跳！

3. 这是随处可见的水葫芦（凤眼莲）。虽然只有寥寥几株，但这个景色真的很棒。
4. 这是亚马孙王莲叶片中央的鸟蛋。鸟蛋周围的水葫芦想必是鸟妈妈带来的吧。我按动快门拍下了这令人感动的画面。

01 亚马孙的水葫芦

玻璃容器：直径 12cm × 高 20cm
底床：水草泥（ADA-Aqua Soil-Amazonia）+ 固体营养素
造景笔记：可放在屋外的生物栖息地，也可放在室内光照条件好的地方，能长期观赏。冬天最好使用加热垫加热，使温度维持在 16℃ 以上。

过去，生物研究者们多次造访亚马孙，留下了很多了解当地生物的宝贵信息。

关于我的这趟亚马孙之旅，我想换一个切入点来写这份"亚马孙报告"，即从水草爱好者群体的视角来讲述我所看到的亚马孙，并通过小草缸来表达我的所思所想。这或许会有些难以理解，但希望你能坚持读下去。

亚马孙最重要的是"水"

从玛瑙斯到潘塔纳尔，再到圣塔伦，这一路上我检测了各地的水质。这些地方的水质几乎与我预料的一样，这让我深受感动。

我经常坐船走水路，每到一个地方我便开始记录 pH 值、电导率 (TDS)、CO_2 浓度

及水温等要素。本来计划在实地进行更精确的水质检测，但没有那么多的时间，因此我决定把现场的水带回住处后再检测剩下的几个要素，所以我身边采样用的塑料瓶越来越多。

除少数地区外，水样测得的 KH 值几乎都在 1° dH 以下，因此亚马孙的水最适合用来培育南美野生水草。当然，这是理所应当的。从前，在日本需要同时使用水草泥和 pH 降低剂才能创造出这样的水质，但在亚马孙，这样的水却取之不尽、用之不竭。此外，这里的水的 pH 值平均为 5.0 左右，还有很多地方的 pH 值低于 5.0，用手都能直接感受到它的酸性。当然，也有部分河流的 pH 值为 6.0，或是更高。

我在玛瑙斯的一家酒店测了一下自来水的水质，pH 值竟然达到了 4.5！而且 TDS 为 220ppm（mg/L），可以看出这应该是消毒后的自来水。看来我在亚马孙的这段时间里坚持不喝自来水是正确的选择。

潜到水下观察水草

在水草茂密的亚马孙支流水域，我会潜到水下观察水草。潜水时需要注意鳐鱼，小心不要踩到它。但我也只见过一次，所以潜水比想象中的要安全得多。

与烈日相反，亚马孙的水是凉爽的。虽然有些地方气温达 31℃，但我泡在河水里十分舒爽。

阳光照射进浅褐色的水中，水面微波荡漾。我还在潘塔纳尔发现了长艾克草，对于水草爱好者来说，这片美景是让人无法抗拒的。

02 微缩在12cm立方体中的
亚马孙水景

容器： 棱长 12cm 的正方体　　**底床：** 水草泥　　**水温：** 25℃
保养： 每天往草缸内加水并使之溢出，以此达到换水的效果（每次加500 ~ 700mL）
鱼： 火兔灯鱼（2 条）
水草： 花水藓、越南三角叶、三裂天胡荽、窄叶铁皇冠、绿宫廷、印度小圆叶、新宕辣椒榕
造景笔记： 通过每天换水来弥补没有过滤器和 CO_2 添加装置的不足。放在窗边或有适当散射光照射的地方，就可以长期保持美观。

将花水藓自然生长的亚马孙河畔景观微缩成一个小的立方体草缸。枝状沉木像是森林中的倒木，附着其上的窄叶铁皇冠形象地描绘出了亚马孙丛林中生命力顽强的蕨类植物的形象。在当地，除了丁香蓼属水草和红菊之外，给人以红色印象的水草很少。所以该草缸中，红色系水草仅选用了两株印度小圆叶作为点缀，并通过绿色的渐变来表现水中的氛围。

豹纹丁香。仅从水面上眺望是无法辨别物种的。这里自然生长的水草都有很强的红色，叶子也接近圆形。顺着水流摇曳的姿态很美。

这是一片与幽深的丛林相接的水域，玛瑙斯谷精太阳丛生于水中，宽叶太阳混生其中。两种水草的生长并非"泾渭分明"，不过玛瑙斯谷精太阳在水下的倾向更强。河底有许多淤泥，将其清除后可以看到水底的白砂。（拍摄／田中法生）

植物共生的栖息地

我曾在玛瑙斯看到过一片野生的玛瑙斯谷精太阳，它们与宽叶太阳混生在一起，密度很高，在河道蜿蜒处（内侧）的水草之间几乎没有空隙。这片水域还生长着许多睡莲科植物与禾本科植物，这里是它们共同的栖息地。这些植物也为鱼类提供了藏身之处，是小型鱼的庇护所。宽叶太阳在其原生地有很强的陆生倾向，我曾遇到过它们密密麻麻生长在河岸上的场景。

另外，从热带鱼爱好者的角度来看，可以看到很多在日本很难见到的鱼类，比如绿虾蜢跳鲈和南美蜓状鲶，让人激动不已。其中最令我印象深刻的就是黑裙鱼，我在潘塔纳尔潜水时偶遇过一条，至今都历历在目。

以前难得一见的鱼，在我的面前悠然自得地游着……多么动人的场景。

03 混合共生的
谷精草科水草

容器：长 45cm× 宽 24cm × 高 16cm
底床：水草泥（上层: ADA-Aqua Soil-Africana；下层: ADA-Aqua Soil-Malaya）
过滤器：伊罕外置过滤器（EHEIM aqua compact 2004）
CO₂：1 秒 1 泡　　水温：26℃
添加剂：每日添加 3 泵 ADA 活性钾肥（ADA BRIGHTY K）、ADA 水草液肥
（ADA GREEN BRIGHTY STEP2）
保养：每周换 1 次水，每次换 1/2
鱼：贝氏铅笔鱼（10 条）
水草：玛瑙斯谷精太阳、宽叶太阳、佗草（有茎草混合）×5
造景笔记：谷精草科水草喜强光照射、喜肥。可用喷雾器将稀释后的液体营养素
喷在后景草的水上叶上。

用一个 45cm 的矮草缸再现了被茂盛生长的玛瑙斯谷精太阳与宽叶太阳淤塞的河边景象。野性十足的贝氏铅笔鱼与这个水景十分相配。

菱叶丁香蓼与粗梗水蕨自然生长在同一水域。让它们浮于水面，以再现亚马孙水域的风貌。

04 再现亚马孙水面景色的水草缸

玻璃容器：直径 25cm × 高 11cm　　**底床：**天然砂（金砂）
水温：23℃　　**鱼：**白色青鳉鱼（5 条）
水草：菱叶丁香蓼（黄花蓼）、粗梗水蕨
造景笔记：在光照适宜的环境下，不加温也可维持草缸的温度。水草会慢慢地覆盖住整个水面，因此需适时拔掉一部分。

1. 图为菱叶丁香蓼。艳阳高照，沐浴在阳光下的菱叶丁香蓼呈现出一片生机勃勃的景象。
2. 图为粗梗水蕨的陆生形。在船上看到的唯一一株浮出水面的粗梗水蕨，草长竟达 60cm！

05 以适应力超强的皇冠类水草打造的水草缸

玻璃容器：最大直径 13cm × 高 23cm
底床：水草泥（ADA-Aqua Soil-Africana）
水温：23℃
水草：阿尔特兰茨贝格皇冠草、圆心萍
造景笔记：为了促进阿尔特兰茨贝格皇冠草的生长，在底床内加入固体肥料。注意防止叶片干燥，将草缸放置在明亮的窗边可以越冬。

生长在湿地上的皇冠类水草。其中甚至有超过 60cm 的高大植株。

皇冠类水草的生长范围很广，在陆地、湿地、水中或是桥下水流稍快的地方都能看到它们的身影，可见其适应环境的能力非常强。因此，我特意选用了半水中型的容器来造景，另外选择了当地常见的水生植物——圆心萍来点缀水面。

极难培育的红菊

红菊是一种很常见的植物，我曾在潘塔纳尔的一片水域里看到过红菊与南美水车前共生的画面。仔细观察后我发现，在那个环境中红菊生长得更好。但众所周知，红菊是一种很难在草缸内长期培育的水草，所以潘塔纳尔的生长环境或许能给我们启发。

在亚马孙水域的那十几天里，我还遇到了长艾克草、红叶狸藻、圆心萍、红色茨藻、亚马孙王莲、大漂与皇冠类水草等。如果把科属不明的水草也算上的话，则更多。

本章中提到的动植物只是亚马孙的冰山一角，对于生物爱好者来说，亚马孙这片土地无疑是天堂一般的存在。

丛生的优美红菊，周围有许多小型脂鲤在水中嬉闹。

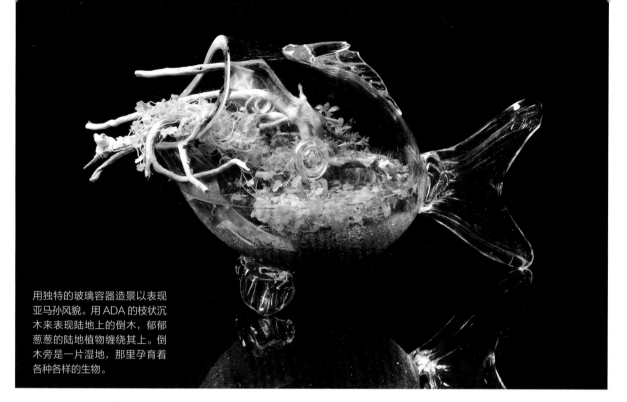

用独特的玻璃容器造景以表现亚马孙风貌。用 ADA 的枝状沉木来表现陆地上的倒木,郁郁葱葱的陆地植物缠绕其上。倒木旁是一片湿地,那里孕育着各种各样的生物。

06 亚马孙河畔水景

玻璃容器: 直径 10cm × 高 25cm
底床: 蓝色玻璃砂
水草: 三裂天胡荽、爪哇莫丝、佗草(小型)
造景笔记: 定期使用喷雾器喷水,以防止干燥。如果出现污垢的话,可持续加水使其溢出来以达到换水的效果。

1. 河流与湿地相接,顺着河流能抵达森林深处。亲眼目睹这番景象,对我提升造景水平有很大帮助。
2. 为了配合个性十足的容器,我试着选择了日本雨蛙的白化种。当然它最终会溜走,我也只是在拍摄时短暂地品味一下这种妙趣。
3. 开着可爱小花的针叶皇冠草,细长的叶子给人以深刻的印象。

末篇

我在亚马孙曾偶然到过一个水草丛生的地方,我记得当时有人看到这个场景后,嘴里嘟囔道:"这么多水草不知道能卖多少钱……",这句话令我印象深刻。真不愧是水草造景师,看到水草第一反应想到的是价格。

前面提到过一片玛瑙斯谷精太阳的野生地,听说那里的玛瑙斯谷精太阳正在逐年减少。人类有必要更加认真地去思考与自然的关系,好好珍惜地球上有限的生物资源。

到这里,我将这趟亚马孙之旅的所思所想都写下来了,希望能帮到大家,也希望大家能参考以上的 6 件作品,制作出专属于自己的水草缸。

第8章
向大型水草缸发起挑战吧

第33～52页讲解了中小型水草缸的造景实例，本章为其序章，将为您介绍90cm以上的水草缸。

<u>01</u>

水声潺潺，沁入心间

岩山处流水潺潺，瀑潭中青鳉成群。以聚苯乙烯泡沫板为底，再用泡沫板切割机将其切割成方形，而后用200多块大小不等的龙王石来塑造岩山。在塑造岩山时，首先用胶枪将石头暂时固定在一起，然后用施敏打硬胶水将其固化，根据情况还可以使用阿隆发AA超能胶。每块石头的布置都会影响岩山整体的自然感，所以要多花点精力。

岩山基本成形后，应在左侧预留出安装水泵的地方。为了确保水泵不会吸走沙子，需要将水泵放置在玻璃容器之上。将与水泵相连的软管的出水口放置在岩山的顶部，然后用石头将其固定。最后，配置上苔藓、迷

你金钱蒲和麦冬，这个青山瀑布水陆缸就大功告成了！岩山处流水潺潺，水声沁入心间，这般美景，想必青鳉鱼也乐在其中吧。

尺寸：长90cm×宽35cm×高10cm（底座）
照明：透过窗户的自然光（与日照时间相同）
过滤器：无（仅靠水泵循环）
底床：金砂
CO₂：无
添加剂：根据植物的长势添加液体营养素
换水：1周1次，每次几乎全部换掉
水草：大灰藓、南亚白发藓、迷你金钱蒲、麦冬
鱼/虾：白色青鳉鱼

植物选择了附着能力强的大灰藓，即使沾水也不易脱落。为使流水声更加清晰，对石头的位置进行了多次调整。

以亚马孙为灵感来源的水草缸

2014 年，我在玛瑙斯、潘塔纳尔与圣塔伦进行了水草调查。回国后，我以在这次亚马孙之旅中获得的灵感正式开始制作草缸（详情参考第 78 ～ 85 页）。我在圣塔伦塔帕若斯河上乘小船前进，自己划船进入亚马孙深处。一路上的景色广阔无垠，这里的风景颇具巴西特色，也可以说是有亚马孙的风格，这令我十分激动。

途中我还遇到了黑裙鱼，这是我在调研时看到的最喜爱的鱼。回国后，我回忆着在海底森林中看到的美景，制作出了这个 90cm 的草缸。

我衷心地希望亚马孙，不管是现在还是将来，都能"永葆青春"。

尺寸：长 90cm × 宽 45cm × 高 45cm
照明：LED 灯，12h/d
过滤器：伊罕过滤器 2228（EHEIM 2228）
底床：ADA 底砂（ADA La Plata Sand）、水草泥（ADA-Aqua Soil-Amazonia）、ADA 能源砂 S
CO_2：1 秒 4 泡。用 CO_2 扩散器添加
添加剂：适量添加 ADA 活性钾肥（ADA BRIGHTY K）、ADA 水草液肥（ADA GREEN BRIGHTY STEP2）
换水：1 周 2 次，每次换 1/2　　水质：pH6.5
水草：针叶皇冠草、珍珠草、越南百叶、黄松尾、尖叶绿蝴蝶、印度小圆叶、黄金钱草、泰国水剑、红叶水丁香、三裂天胡荽、赤焰灯心草、垂泪莫丝、爪哇莫丝
鱼 / 虾：黑裙鱼

以前从没发现黑裙鱼这么美。我以在这次亚马孙之旅中获得的灵感制作出了这个草缸，在这个过程中我又一次被黑裙鱼的美吸引。

峭壁上的阔叶树

为了在草缸中展现出壮阔的意境，造景加上用快干胶黏合等精细的工作，整整花费了2天零20多个小时。最初硅藻（褐藻）的产生令人十分头疼，不过日本瓢鳍虾虎鱼的"活跃"恰好解决了这个问题——这种鱼不愧是以藻类为主食的鱼类，它们将岩石上的藻类吃了个一干二净。枝状沉木上的部分袖珍小榕状态不好，我便从其他草缸中拿来了一些健康的植株重新栽种，而后每三天换一次水，以在造景上做到尽善尽美。

峭壁下方的河流也与人们想象的一样，完美地表现出了冰雪融化、万物复苏的美景。

尺寸：长 120cm × 宽 60cm × 高 60cm

照明：ADA solar Ⅰ水草灯（150W）×3，10h/d

过滤器：伊罕专业过滤器 3e 2080（EHEIM professionel 3e 2080）

底床：水草泥（ADA-Aqua Soil-Amazonia）、睡莲用土、白色化妆砂、ADA 能源砂 S

CO_2：1 秒 3 泡。用 CO_2 扩散器添加

添加剂：适量添加 ADA 活性钾肥（ADA BRIGHTY K）、TBS EAC 精华露

换水：3 日 1 次，每次换 1/5 ～ 1/4

水质：pH6.8

水草：袖珍小榕、小莎草、矮珍珠、鹿角苔、长椒草（露茜椒草）、棕榈莫丝（东亚万年藓）、大三角叶

鱼 / 虾：正三角灯鱼

袖珍小榕附着在沉木上，给人以阔叶树的叶片的印象，它们镌刻着缓缓流动的光阴。

用鹿角苔打造的 "绿色地毯"

天野尚先生（已故）曾出过一本作品集，名叫《在水立方的大自然》，其中有一件作品令我印象深刻。那是一个以鹿角苔和沉木打造的水草缸，茂密的鹿角苔像是铺在水底的一条绿色地毯，扁吻鮈悠闲地在其中游动。我的这件作品就是以天野尚先生的作品为灵感制作的。虽然该作品构图简单，但沉木及周围的硅化木的摆放独具特色，此外在后景栽种了小莎草，通过地下茎的力量抑制

了鹿角苔的上浮。

为了使平坦的水景变得生动起来，我在草缸的中心区域配置了大莎草，并栽种上针叶皇冠草以防止其上浮。同时通过在沉木和赤玉土上附着羽裂水蓑衣来增加水景的乐趣。顺便提一下，羽裂水蓑衣是天野尚先生经常使用的水草之一。

如果有部分鹿角苔脱离了附着的岩石而浮起的话，可以将它们重新缠绕在岩石上，

或是用小石头坠住它们以避免其上浮。

　　要想让鹿角苔的生长不输于水绵，就要定期添加液肥，并通过频繁换水来抑制藻类的生长。

　　通过这一系列的操作，一条茂密的"绿色地毯"就形成了，再有意识地放入一眉道人鱼（与扁吻鮈长相类似），整个水景就完成了。在看过天野尚先生的作品集后，我便一直忘不了那个扁吻鮈悠然自得地游动在鹿角苔形成的绿色地毯上的草缸。之后，我在造景时也多次使用鹿角苔进行模仿，而这个草缸是其中最令我满意的作品之一。

尺寸：长120cm× 宽45cm× 高60cm
照明：ADA solar Ⅰ水草灯 ×2，10h/d
过滤器：外置过滤器
底床：水草泥（ADA-Aqua Soil-Amazonia、ADA-Aqua Soil-Africana）、化妆砂、ADA 能源砂 S
CO_2：1秒3 ~ 4泡。用 CO_2 扩散器添加
换水：1周1次，每次换 1/2
水草：鹿角苔、大莎草、赤焰灯心草、羽裂水蓑衣、针叶皇冠草
鱼 / 虾：一眉道人鱼、正三角灯鱼、小精灵鱼、大和藻虾

山野间 "燃烧" 的羽裂水蓑衣

这是一个 120cm 长的草缸。我原本想用熔岩石装饰小径的两侧，以凸显山岳 "怪石嵯峨" 的景观，但作为重点栽种的羽裂水蓑衣却在某一个节点突然开始 "疯长"，最终形成了这样的水景。羽裂水蓑衣呈锯齿状的独特叶片，将绿地染红，看起来像是山在燃烧，又像异世界的景象一般，极具特色。

草缸中央的南美小百叶也很引人注目，它们从草缸中央一直蔓延至前景，"画出"一道红色轨迹，仿佛从羽裂水蓑衣那里引来的火种。在绿色的水草中种植红色的水草是布置后景时的基本手法，但在中前景使用这种手法是比较新颖的。

有时，水草会以我们无法预料的方式生长。但为了创造出美丽的水景，我们必须巧

妙地修正其生长轨迹，这个草缸便是一个成功的例子。

匍匐生长的南美小百叶。这种水草很难培育得很漂亮，但可能是因为缸里养了很多鱼，为其提供了充足的养分，所以这个缸里的南美小百叶长势很好。

尺寸：长 120cm× 宽 45cm× 高 45cm
照明：ZENSUI LED 灯（21.6W）×5，10h/d
过滤器：ADA 强力金属过滤桶 ES-1200
底床：水草泥（ADA-Aqua Soil-Africana）、ADA 能源砂 S
CO_2：1 秒 4 ~ 5 泡。用 CO_2 扩散器添加
添加剂：每日分别添加 12mL ADA 活性钾肥（ADA BRIGHTY K）和 ADA 水草液肥（ADA GREEN BRIGHTY STEP2）
换水：1 周 1 次，每次换 3/4
水草：羽裂水蓑衣、南美小百叶、绿宫廷、趴地矮珍珠、牛毛毡、鹿角苔、垂泪莫丝、赤焰灯心草
鱼 / 虾：绿莲灯鱼、钻石日光灯鱼、蓝眼灯鱼、巧克力娃娃鱼、小精灵鱼、大和藻虾、锯齿新米虾

06

镌刻时光的蕨类植物和大树

这是在日本静冈县御殿场市的度假设施"时之栖"里举办的草缸展览会（180cm 草缸 ×6）中的一件展品。草缸内以不同角度竖立的粗壮沉木，给人以极强的震撼力。将生长缓慢的黑木蕨与窄叶铁皇冠附着在显眼

的地方，并在底床附近栽种小榕、袖珍小榕与 2 种莫丝，这使得沉木被绿意环绕，更突显出了沉木别具一格的姿态。随着时间的推移，水草会逐渐生长展开。为了配合水草的生长，我特意选择了一些体形较小的鱼。水

草和鱼都会不断地生长、成熟，半年后或是一年后应该会呈现不同的姿态吧。这次的展览中能一次看到包括这个草缸在内的 6 个 180cm 大草缸，实属难得。真希望大家都能去现场近距离地感受它们震撼人心的美。

尺寸： 长 180cm × 宽 60cm × 高 60cm
照明： ADA solar I 水草灯 ×4, 11.5h/d
过滤器： 伊罕专业过滤器 3 2080（EHEIM professionel 3 2080）、伊罕过滤器 2217（EHEIM 2217）×2（串联）、连接杀菌灯
底床： 水草泥（ADA-Aqua Soil-Amazonia）（正常、粉末状）、ADA 能源砂 S
CO₂： 1 秒 4～5 泡。用 CO_2 扩散器添加
添加剂： 每日分别添加 20～35mL ADA 活性钾肥（ADA BRIGHTY K）和 ADA 水草液肥（ADA GREEN BRIGHTY STEP2）
换水： 1 周 1 次，每次换 1/5～1/2
水草： 窄叶铁皇冠、羽裂水蓑衣、黄松尾、绿宫廷、锡兰小圆叶、小红梅、爬地珍珠草、四色睡莲、红虎斑睡莲、小榕、袖珍小榕、黑木蕨、爪哇莫丝、垂泪莫丝、佗草（有茎草混合）
鱼／虾： 金三角灯鱼、黄帆鲫鱼、电光美人鱼、黑扯旗鱼、皮颏鱵（银水针）、青眼灯鱼、荷兰凤凰鱼、小精灵鱼、黑线飞狐鱼、大和藻虾

第9章

造景水草图鉴

本章精选了90种可用于造景的水草，一起来看看它们的特征及培育时的注意事项吧！

刚毛藻科
海藻球
Aegagropila linnaei
市面上可以买到人工养殖的海藻球，直径在1cm左右。喜低水温和适度的光照。需避免阳光直射。受湖泊内水流活动的影响，湖内自然生长的海藻球会以群落的形式不停地旋转，这使得它们的表面在水流的冲刷下能保持干净，还能因旋转而一直保持球形。

钱苔科
鹿角苔（叉钱苔）
Riccia fluitans
鹿角苔进行光合作用时，能不停地"吐出"氧气泡，透亮的气泡连成一片、闪闪发光，能增加草缸的观赏趣味。鹿角苔不具备附着能力，可用线将其缠绕在造景素材上，强行让其在水底生长，可在水底打造出明亮美丽的草坪般的水景，极具观赏价值。充足的光照和养分供给，是将鹿角苔培育得美丽的重要因素。

槐叶苹（蘋）科
勺叶槐叶苹
Salvinia cucullata
既是漂浮植物，又是蕨类植物。与同属的其他植物相比，勺叶槐叶苹的叶片不是平面展开的，而是卷曲成勺状。三片叶子中就有一片像根一样悬垂在水中。在光照充足及养分足够的情况下，能大量繁殖。

水龙骨科
铁皇冠（有翅星蕨）
Microsorum pteropus
蕨类植物，品种众多，不同品种的叶宽及形状各不相同。易附着，也易培育，这使得铁皇冠在造景中被广泛使用。长势良好的铁皇冠，叶片会向着光呈现出柔和美丽的曲线。

凤尾蕨科
细叶水芹（水蕨）
Ceratopteris thalictroides
蕨类植物，叶片呈淡绿色，可用作后景草以表现枝繁叶茂的画面。会从母叶上长出子株（无性芽），应将其摘除，以免破坏母株的美感。即使浮在水面，也能生长。用途非常广泛，比如可用作产卵床等。

鳞毛蕨科
黑木蕨
Bolbitis heudelotii
蕨类植物，叶片呈深绿色，具透明感。为了不损伤根茎，可将茎牢牢地缠绕在沉木上，让其缓慢生长。喜光照充足、水体清澈的环境。

尾藓科
美国凤尾苔（美国莫丝、美国凤尾藓）
Fissidens fontanus

与小凤尾苔（大叶凤尾藓）相比，其叶片更柔软，也更适合在水草缸中培育。可用鱼线将其绑在岩石及沉木上生长。特别适合用于打造自然风的草缸。

灰藓科
垂泪莫丝（暖地明叶藓）
Vesicularia ferriei

顾名思义，这是一种可从所缠绕的沉木等素材上垂落下来生长的水草，非常适合用来营造自然的氛围。附着能力弱，因而缠绕时要缠得厚一些。

灰藓科
爪哇莫丝
Taxiphyllum barbieri

在草缸中使用非常普遍的一种水草。非常皮实，附着性强，可用线将其缠绕在岩石或沉木上，让它静静地镌刻水底的光阴。表面积大，易吸收营养物质，可净化水质。

灰藓科
新加坡莫丝（海岛明叶藓）
Vesicularia dubyana

与爪哇莫丝一样，自古以来就很受欢迎。手掌状的叶子重叠在一起，形成了一片郁郁葱葱的景象，非常美丽。因为附着力不如爪哇莫丝，所以要用鱼条将其紧紧地缠绕在沉木等造景素材上培育。

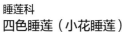

睡莲科
红虎斑睡莲
Nymphaea lotus 'Red'

睡莲科里有多个种适合在草缸内种植。红虎斑睡莲的水中叶呈红色，有斑点，是很受欢迎的一种水草。易成活，可以通过地下茎繁殖。控制叶片的数量可使其长期保持优美的形态。

莼菜科
绿菊（竹节水松、水盾草）
Cabomba caroliniana

形态似金鱼藻。沉水叶对生，扇形，二叉分裂，裂片线形，但在草缸中很难保持叶片基部分成5个裂片的美丽叶形。原产北美，可在低温环境下生长。

睡莲科
四色睡莲（小花睡莲）
Nymphaea micrantha

叶片上色彩斑斓，是极其美丽的一种睡莲科植物。胎生睡莲，叶片上能长出小植株。美丽的花朵可长时间观赏，非常适合用于开放型草缸。

莼菜科
红菊（红水盾草、红花穗莼）
Cabomba furcata

沉水叶3叶轮生。整体呈红棕色。是比较容易买到的一种水草。在造景时常用作点缀。很难在草缸内长期生长，可以像切花一样将其剪下作为装饰。

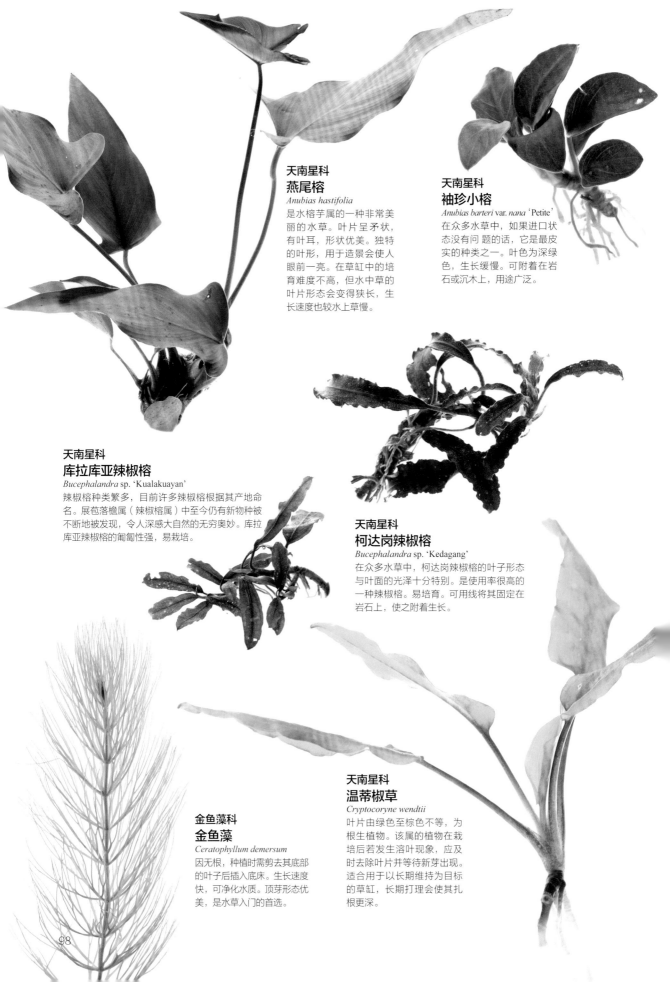

天南星科
燕尾榕
Anubias hastifolia
是水榕芋属的一种非常美丽的水草。叶片呈矛状，有叶耳，形状优美。独特的叶形，用于造景会使人眼前一亮。在草缸中的培育难度不高，但水中草的叶片形态会变得狭长，生长速度也较水上草慢。

天南星科
袖珍小榕
Anubias barteri var. *nana* 'Petite'
在众多水草中，如果进口状态没有问题的话，它是最皮实的种类之一。叶色为深绿色，生长缓慢。可附着在岩石或沉木上，用途广泛。

天南星科
库拉库亚辣椒榕
Bucephalandra sp. 'Kualakuayan'
辣椒榕种类繁多，目前许多辣椒榕根据其产地命名。展苞落檐属（辣椒榕属）中至今仍有新物种被不断地被发现，令人深感大自然的无穷奥妙。库拉库亚辣椒榕的匍匐性强，易栽培。

天南星科
柯达岗辣椒榕
Bucephalandra sp. 'Kedagang'
在众多水草中，柯达岗辣椒榕的叶子形态与叶面的光泽十分特别。是使用率很高的一种辣椒榕。易培育。可用线将其固定在岩石上，使之附着生长。

金鱼藻科
金鱼藻
Ceratophyllum demersum
因无根，种植时需剪去其底部的叶子后插入底床。生长速度快，可净化水质。顶芽形态优美，是水草入门的首选。

天南星科
温蒂椒草
Cryptocoryne wendtii
叶片由绿色至棕色不等，为根生植物。该属的植物在栽培后若发生溶叶现象，应及时去除叶片并等待新芽出现。适合用于以长期维持为目标的草缸，长期打理会使其扎根更深。

天南星科
迷你椒草（帕夫椒草）
Cryptocoryne parva
在许多适合在水中种植的隐棒花属植物中，迷你椒草算是最小的一种。非常容易栽培。叶片细长，呈深绿色，适合用作小型草缸的点缀。可通过多种一些，来弥补其生长缓慢的缺点。

天南星科
皱边椒草
Cryptocoryne crispatula var. *balansae*
是隐棒花属植物中最容易栽培的一种。生长初期不太显眼，但随着生长，由绿色转为棕色的波浪状叶子，会直达水面，给人以极强的存在感。可在草缸中营造自然的氛围。

天南星科
威利斯椒草（小椒草、伟莉椒草）
Cryptocoryne × willisii
叶片呈绿色，叶长 5cm 左右，是一种小型水草。容易栽培。根据栽培场所的不同，叶子的大小也会有很大的差异。可用作前景草或中景草。

天南星科
线叶椒草
Cryptocoryne crispatula var. *kubotae*
(*Cryptocoryne crispatula* var. *tonkinensis*)
知名度很高的一种水草，是同属植物中叶片最窄的一种。叶宽 3mm，叶长 20cm 左右。叶片呈棕色，扎根后非常皮实。在购买时应仔细观察其状态，挑选健康的植株。

泽泻科
皇冠草
Echinodorus amazonicus
在水草中的知名度首屈一指，养热带鱼的人应该都知道它。要想将它养漂亮，需要适当的光照和丰富的底床营养。是非常棒的一种水草。

泽泻科
针叶皇冠草（匍茎慈姑）
Helanthium tenellum
具有约 10cm 长的细长叶子。特征在于在光照和底床营养物质的影响下，从绿色到棕色变化的叶子颜色。用地下茎繁殖，生长速度快。耐修剪。常用的造景水草之一，可用来表现多种不同的风格。

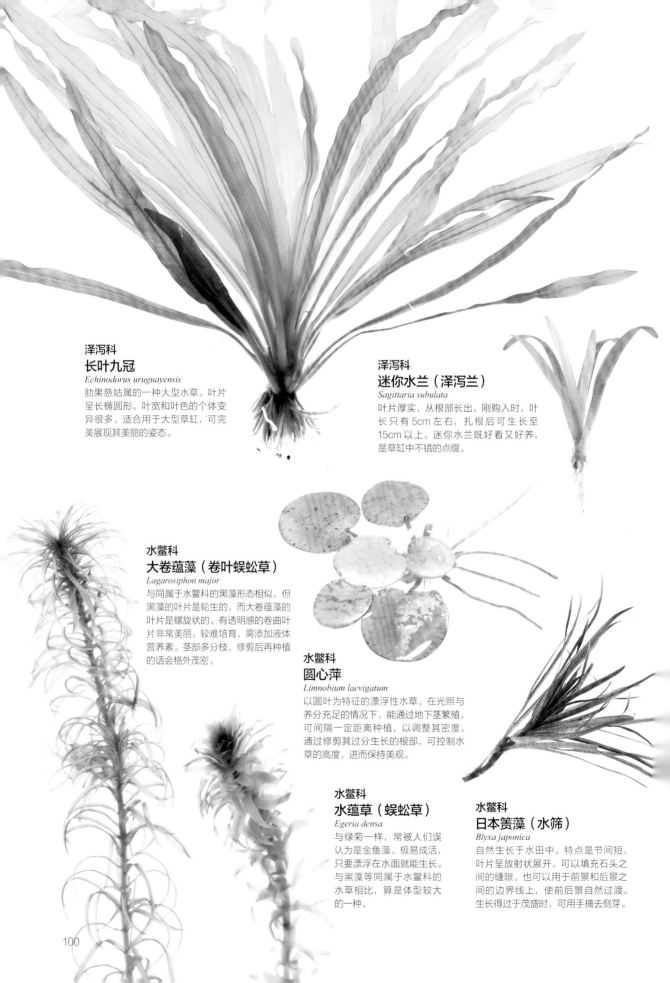

泽泻科
长叶九冠
Echinodorus uruguayensis
肋果慈姑属的一种大型水草。叶片
呈长椭圆形。叶宽和叶色的个体变
异很多。适合用于大型草缸，可完
美展现其美丽的姿态。

泽泻科
迷你水兰（泽泻兰）
Sagittaria subulata
叶片厚实，从根部长出。刚购入时，叶
长只有 5cm 左右，扎根后可生长至
15cm 以上。迷你水兰既好看又好养，
是草缸中不错的点缀。

水鳖科
大卷蕴藻（卷叶蜈蚣草）
Lagarosiphon major
与同属于水鳖科的黑藻形态相似，但
黑藻的叶片是轮生的，而大卷蕴藻的
叶片是螺旋状的。有透明感的卷曲叶
片非常美丽。较难培育，需添加液体
营养素。茎部多分枝，修剪后再种植
的话会格外茂密。

水鳖科
圆心萍
Limnobium laevigatum
以圆叶为特征的漂浮性水草。在光照与
养分充足的情况下，能通过地下茎繁殖，
可间隔一定距离种植，以调整其密度。
通过修剪其过分生长的根部，可控制水
草的高度，进而保持美观。

水鳖科
水蕴草（蜈蚣草）
Egeria densa
与绿菊一样，常被人们误
认为是金鱼藻。极易成活，
只要漂浮在水面就能生长。
与黑藻等同属于水鳖科的
水草相比，算是体型较大
的一种。

水鳖科
日本簀藻（水筛）
Blyxa japonica
自然生长于水田中。特点是节间短、
叶片呈放射状展开。可以填充石头之
间的缝隙。也可以用于前景和后景之
间的边界线上，使前后景自然过渡。
生长得过于茂盛时，可用手摘去侧芽。

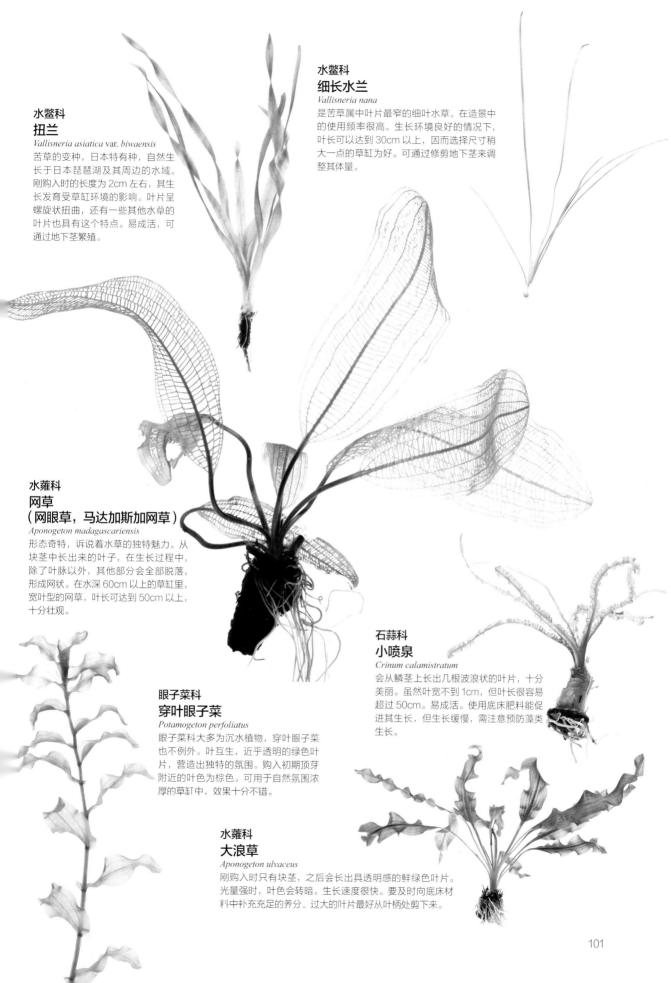

水鳖科
扭兰
Vallisneria asiatica var. *biwaensis*
苦草的变种，日本特有种，自然生
长于日本琵琶湖及其周边的水域。
刚购入时的长度为 2cm 左右，其生
长发育受草缸环境的影响。叶片呈
螺旋状扭曲，还有一些其他水草的
叶片也具有这个特点。易成活，可
通过地下茎繁殖。

水鳖科
细长水兰
Vallisneria nana
是苦草属中叶片最窄的细叶水草。在造景中
的使用频率很高。生长环境良好的情况下，
叶长可以达到 30cm 以上，因而选择尺寸稍
大一点的草缸为好。可通过修剪地下茎来调
整其体量。

水蕹科
网草
（网眼草，马达加斯加网草）
Aponogeton madagascariensis
形态奇特，诉说着水草的独特魅力。从
块茎中长出来的叶子，在生长过程中，
除了叶脉以外，其他部分会全部脱落，
形成网状。在水深 60cm 以上的草缸里，
宽叶型的网草，叶长可达到 50cm 以上，
十分壮观。

石蒜科
小喷泉
Crinum calamistratum
会从鳞茎上长出几根波浪状的叶片，十分
美丽。虽然叶宽不到 1cm，但叶长很容易
超过 50cm。易成活。使用底床肥料能促
进其生长，但生长缓慢，需注意预防藻类
生长。

眼子菜科
穿叶眼子菜
Potamogeton perfoliatus
眼子菜科大多为沉水植物，穿叶眼子菜
也不例外。叶互生，近乎透明的绿色叶
片，营造出独特的氛围。购入初期顶芽
附近的叶色为棕色。可用于自然氛围浓
厚的草缸中，效果十分不错。

水蕹科
大浪草
Aponogeton ulvaceus
刚购入时只有块茎，之后会长出具透明感的鲜绿色叶片。
光量强时，叶色会转暗。生长速度很快。要及时向底床材
料中补充充足的养分。过大的叶片最好从叶柄处剪下来。

莎草科
小莎草
Eleocharis acicularis
叶片细长。用地下茎繁殖，易成活。可通过修剪来调整其高度。在水草造景进入人们的视野之后，这种水草也逐渐受到人们的欢迎，其独特的形态与富于变化的生长过程令人啧啧称奇。

莎草科
牛毛毡
Eleocharis pusilla (*Eleocharis parvula*)
通过地下茎繁殖，很容易形成草坪状的景观。叶片与小莎草一样，非常细。容易附生藻类，可养虾等预防。

灯心草科
赤焰灯心草
Juncus repens
由于茎会从叶腋处伸长，形成子株，所以到货后不要立刻种植，可进行分株后再栽植，以提高成活率。根据生长环境的不同，叶色会从绿色到红色变化，差异较大。造景时使用方便。

莎草科
泰国水剑
Cyperus helferi
带状水草，给人一种清新的感觉。叶片呈亮绿色，先端渐尖。造景时使用方便。市售的水草叶长在 10～50cm 不等。需注意防止藻类附着。

莎草科
大莎草
Eleocharis vivipara
适合用来在草缸中营造自然的氛围。外观似小莎草。随着茎部的生长，其长度可达 50cm。顶端会出芽生殖形成子株，易繁殖。可通过定期修剪来调整其体量。

谷精草科
贝伦谷精太阳
（普通谷精太阳）
Syngonanthus sp. 'Belem'
其独特的顶芽吸引了许多人的眼球。刚开始从南美引进时，曾被称为"最难培育的水草之一"。近年来，随着容易创造低硬度、低pH 环境的水草泥的普及，它的培育变得容易起来。

谷精草科
宽叶太阳
Tonina fluviatillis
与贝伦谷精太阳一样，是原产南美的一种水草，曾经受到水草爱好者的狂热追捧。2014 年，我在巴西玛瑙斯见到了玛瑙斯谷精太阳与宽叶太阳的群落，那种感动，至今记忆犹新。

花水藓科
花水藓（小绿松尾）
Mayaca fluviatillis
叶片呈披针形，密布于茎上。叶色为淡绿色。草姿纤细且色彩独特，因此被广泛用于造景中。生长速度快，可通过频繁修剪以及定期补充营养素，来保持与缸内其他水草的长势均衡。

雨久花科
长艾克草
Eichhornia azurea
叶互生，横向展开，左右两侧的叶片的总长度超过 30cm。长艾克草在流动的水中摇曳的草体之美令人叹为观止。为了再现它们在亚马孙河的自生地的生机勃勃的状态，我们准备了高达 45cm 的草缸，充分展现它们的美。

蓼科
红水蓼（紫艳水蓼）
Polygonum sp. 'red' (*Polygonum* sp. 'Kawagoeanum')
茎秆直立且坚硬，叶互生，红色。在众多水草中存在感很强，可用于营造充满自然感的水景。易成活，待其扎根后可定期添加固体营养素以让它保持良好的状态。

小二仙草科
日本绿千层（雪花羽毛）
Myriophyllum mattogrossense
种小名为"mattogrossense"，意味着它生长于南美的马托格罗索州。易成活。通过反复修剪，可使其变得美丽繁茂。这也是我的常用的水草之一。我不厌其烦地在草缸中种植它，但却依然觉得它十分动人。

苋科
血心兰
Alternanthera reineckii
红色系水草的代表。颜色浓郁，外形美观。生长速度缓慢，直立生长。推荐用于欣赏水草原本姿态的造景。易遭虾类啃食叶片，需要注意。

千屈菜科
非洲艳柳
Nesaea sp. 'Red'
(*Ammannia praetermissa*)
整体呈红色，十分亮眼。叶长适中且生长缓慢，乍一看很适合生长在草缸中。但实际上在草缸中栽培比较困难，很难长期保持美丽的红色。可以像花朵一样，欣赏它短暂的美。

千屈菜科
小圆叶（圆叶节节菜）
Rotala rotundifolia
根据产地的不同以及变异不同，有很多品种，其颜色的深浅与形状等也各不相同。其中绝大多数都很容易栽培，生长速度也很快。是水草造景中占据重要地位的一类水草，使用频率极高。

千屈菜科
牛顿草
Didiplis diandra
根据生长环境的不同，叶色会从绿色到红褐色变化。叶片十字对生，十分密集，可用于小型草缸以突显其存在感。下部叶片易掉落，可定期修剪根部后重新栽种，如此便能长期欣赏其美丽的姿态。

千屈菜科
非洲红柳（黄金柳）
Nesaea pedicellata (Ammannia pedicellata)
一种非常美丽的水草。叶片根据生长环境的不同，呈现黄绿、黄橙至橙红色。草体相对较大，叶对生，叶长约3cm。可定期修整其侧芽。在草缸里，它是主角般的存在，可令人品味水草本身的美丽。

千屈菜科
黄松尾
Rotala sp. 'Nanjenshan'
挺水性水草，水上叶呈深绿色。水中草呈黄绿色，在强光下栽培会逐渐变为华丽的红色。观赏黄松尾由水上叶转为水中叶的过程也是一大乐趣。频繁修剪会影响其顶芽的生长，可适当添加营养素以促进其生长。

千屈菜科
红蝴蝶
Rotala macrandra
叶片富有质感，红色也不深不浅，恰到好处。以前，红蝴蝶属于很难栽培的水草，人们会根据本物种能否生长来判断草缸的水质，那个朴素的时代真是令我怀念。虽然有些夸张，但可以说红蝴蝶承载着老一辈水草培育者深厚的情感。

千屈菜科
绿宫廷
Rotala rotundifolia 'Green'
叶片细长，呈翠绿色。生长速度快、耐修剪，是其魅力所在。绿宫廷会朝着斜上方生长，可通过控制光量让其在底床匍匐生长，简直就是为造景而生的水草！

千屈菜科
红松尾（瓦氏节节菜）
Rotala wallichii
红松尾在日本的俗名是"松鼠尾巴"，形象地表现出了其形态特点。叶片纤细，红色柔和。生长速度快，适合置于后景。可以通过红色的深浅来判断营养添加量过剩还是不足。

柳叶菜科
大红叶
Ludwigia glandulosa
叶片呈紫红色，是颜色最红的水草之一。很久以前，它被认为是一种难以培育的水草，但现在只要保证光照充足，且在其他条件都具备的情况下，即可培育。为了使顶芽保持美观，需定期拔出后修剪根部，然后再重新种植。

柳叶菜科
小红梅
（小红莓，柳叶丁香蓼）
Ludwigia arcuata
水中叶呈线形，对生。叶色呈深红色。在造景中的使用频率很高。可通过反复修剪营造出浓密感。植株下方的茎部容易腐烂，需要注意。

柳叶菜科
豹纹丁香
Ludwigia inclinata
我曾在潘塔纳尔的河流里看到过它自然生长的样子。水中叶呈细长的椭圆形，棕色，略透明，纹理清晰。生长速度极快。栽培难度高，不适合新手。同种还有绿色的类型——翡翠丁香（*Ludwigia inclinata* 'Green'）。

十字花科
苹果草（水田碎米荠）
Cardamine lyrata
叶片呈圆形，互生。叶色翠绿色至黄绿色。茎细，会边分枝边伸向水面，生长迅速。在造景时，应活用其独特的姿态。要注意定期添加营养素，避免养分不足。

柳叶菜科
超红水丁香
Ludwigia 'Super Red'
造景界的"新人"，被用于造景的时间不长。具有强烈的红色和较小的圆叶，被认为是丁香蓼属中某个不确定的杂交种。在造景中的使用频率较高，现已成为备受欢迎的水草之一。容易修整，缓慢的成长速度也是其魅力所在。

透骨草科
矮珍珠
Glossostigma elatinoides
原产于澳大利亚。可以匍匐在地面上茁壮生长。非常适合用于呈现草原般的辽阔感。它的出现使得水草造景进一步得到普及，是适合造景初学者选择的入门级水草。可以通过培育矮珍珠学习如何管理草缸底层的水草。

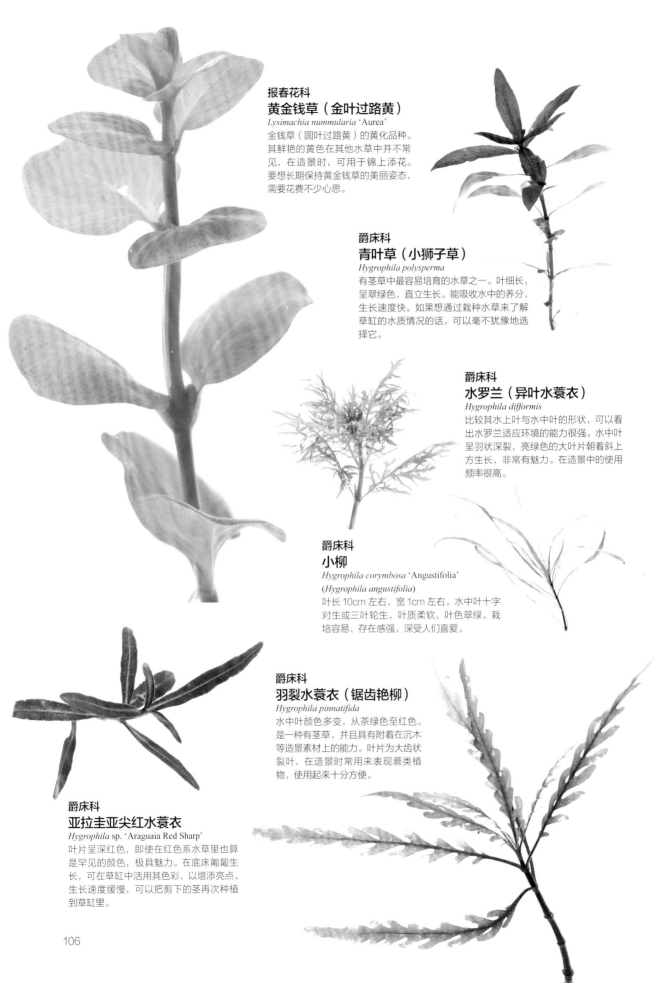

报春花科
黄金钱草（金叶过路黄）
Lysimachia nummularia 'Aurea'
金钱草（圆叶过路黄）的黄化品种。其鲜艳的黄色在其他水草中并不常见，在造景时，可用于锦上添花。要想长期保持黄金钱草的美丽姿态，需要花费不少心思。

爵床科
青叶草（小狮子草）
Hygrophila polysperma
有茎草中最容易培育的水草之一。叶细长，呈翠绿色，直立生长。能吸收水中的养分，生长速度快。如果想通过栽种水草来了解草缸的水质情况的话，可以毫不犹豫地选择它。

爵床科
水罗兰（异叶水蓑衣）
Hygrophila difformis
比较其水上叶与水中叶的形状，可以看出水罗兰适应环境的能力很强。水中叶呈羽状深裂，亮绿色的大叶片朝着斜上方生长，非常有魅力。在造景中的使用频率很高。

爵床科
小柳
Hygrophila corymbosa 'Angustifolia'
(*Hygrophila angustifolia*)
叶长 10cm 左右，宽 1cm 左右。水中叶十字对生或三叶轮生，叶质柔软、叶色翠绿。栽培容易、存在感强，深受人们喜爱。

爵床科
羽裂水蓑衣（锯齿艳柳）
Hygrophila pinnatifida
水中叶颜色多变，从茶绿色至红色。是一种有茎草，并且具有附着在沉木等造景素材上的能力。叶片为大齿状裂叶，在造景时常用来表现蕨类植物，使用起来十分方便。

爵床科
亚拉圭亚尖红水蓑衣
Hygrophila sp. 'Araguaia Red Sharp'
叶片呈深红色，即使在红色系水草里也算是罕见的颜色，极具魅力。在底床匍匐生长，可在草缸中活用其色彩，以增添亮点。生长速度缓慢，可以把剪下的茎再次种植到草缸里。

爵床科
南美叉柱花
Staurogyne repens
茎粗壮，叶片呈椭圆形
或卵形，叶对生，翠绿
色。生长速度缓慢，侧
芽匍匐生长。可在草缸
中种植以表现郁郁葱葱
的景象。

唇形科
百叶草（水虎尾）
Pogostemon stellatus
叶片以红、黄、紫三色为
基调，搭配绝妙。叶片细
长，近 10 片叶子轮生。
如此优美的水中叶可以说
是难得一见的极品。很难
在草缸内长期培育，需要
充足的养分与光照。

唇形科
印度大松尾
Pogostemon erectus
比较新的类型，在这个时代还能发现新的
水草，真是太棒了。叶片呈鲜艳的黄绿色，
轮生，叶质细腻。容易栽培、耐修剪。侧
芽生长快，生命力顽强。

唇形科
心叶水薄荷
（伏生风轮菜、薄荷草）
Clinopodium brownei
(Lindernia anagalis)
本种适合陆生，但也可以在水中生
长。叶对生，长 1cm 左右，直立生
长。单看较为普通，多种一些可以
感受到它的美。具有薄荷味也是本
物种的魅力所在。

母草科
趴地矮珍珠
Micranthemum tweediei 'Monte carlo'
虽然这也是一种比较新的水草，但由于其外
表美丽且种植难度低，一跃成为前景草中的
主角。叶片呈黄绿色，对生，匍匐生长。生
长速度快，耐修剪。即使厚度增加，处于下
方的叶片也不容易枯萎。

母草科
大叶珍珠草
Micranthemum umbrosum
叶片呈圆形，叶色为淡绿色至黄
绿色，生长速度极快，可在水中
直立生长。反复的修剪会使下面
的叶片脱落，若看到叶片脱落应
及时移栽，如此便能让大叶珍珠
草在草缸内长期生长。

母草科
珍珠草
Hemianthus micranthemoides
(Micranthemum glomeratum)
珍珠草的叶片有 2 片对生和 3 ~ 4 片
轮生两种不同的类型。叶片呈椭圆形，
具透明感，紧密地附着在茎上生长，十
分繁茂。长度易调整，因此在前景、中
景与后景区都可以种植珍珠草，可适应
各种风格的草缸。

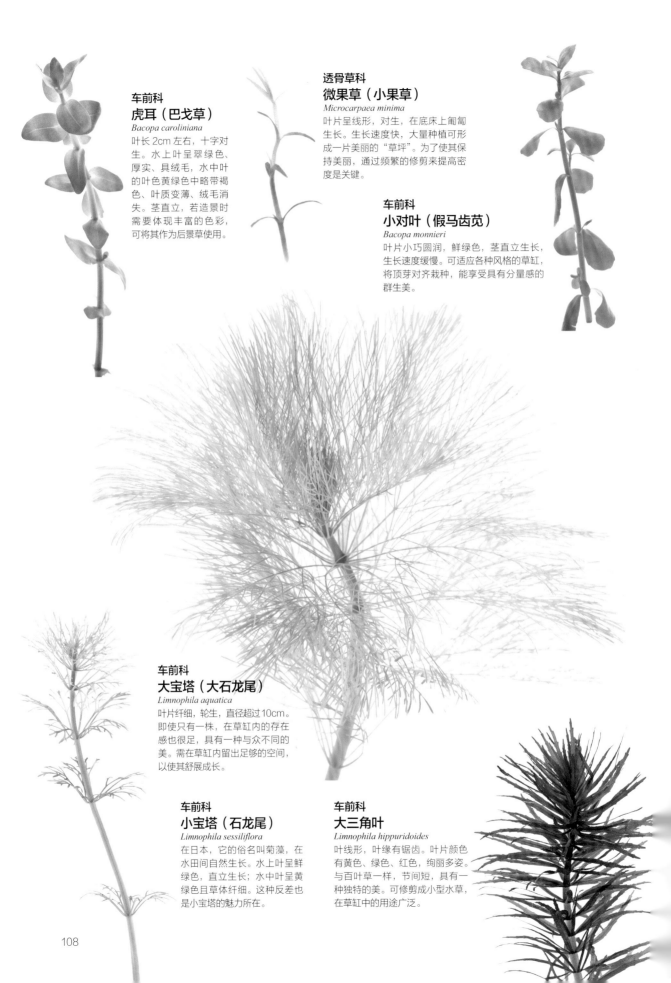

车前科
虎耳（巴戈草）
Bacopa caroliniana
叶长 2cm 左右，十字对生。水上叶呈翠绿色、厚实、具绒毛，水中叶的叶色黄绿色中略带褐色、叶质变薄、绒毛消失。茎直立，若造景时需要体现丰富的色彩，可将其作为后景草使用。

透骨草科
微果草（小果草）
Microcarpaea minima
叶片呈线形，对生，在底床上匍匐生长。生长速度快，大量种植可形成一片美丽的"草坪"。为了使其保持美丽，通过频繁的修剪来提高密度是关键。

车前科
小对叶（假马齿苋）
Bacopa monnieri
叶片小巧圆润，鲜绿色，茎直立生长，生长速度缓慢。可适应各种风格的草缸，将顶芽对齐栽种，能享受具有分量感的群生美。

车前科
大宝塔（大石龙尾）
Limnophila aquatica
叶片纤细，轮生，直径超过 10cm。即使只有一株，在草缸内的存在感也很足，具有一种与众不同的美。需在草缸内留出足够的空间，以使其舒展成长。

车前科
小宝塔（石龙尾）
Limnophila sessiliflora
在日本，它的俗名叫菊藻，在水田间自然生长。水上叶呈鲜绿色，直立生长；水中叶呈黄绿色且草体纤细。这种反差也是小宝塔的魅力所在。

车前科
大三角叶
Limnophila hippuridoides
叶线形，叶缘有锯齿。叶片颜色有黄色、绿色、红色，绚丽多姿。与百叶草一样，节间短，具有一种独特的美。可修剪成小型水草，在草缸中的用途广泛。

桔梗科
罗贝利（红花山梗菜）
（图为水上叶）
Lobelia cardinalis
水上叶略带紫色，水中叶变为亮绿色。茎粗且直立，叶片呈圆形，互生。在造景时，可调整每一株的长度后种植在草缸里，使之形成一座"水草花坛"。

五加科
香菇草（南美天胡荽）
Hydrocotyle verticillata
香菇草会从地下茎的各个节间长出一片圆叶，叶长1～2cm，直立生长。可用作前景草，以表现生机盎然的景象。光照太过充足会导致叶柄过长，需注意。可在低温环境下存活，生命力顽强。

伞形科
草皮
Lilaeopsis novae-zelandiae (Lilaeopsis novae)
虽然是人们早已熟知的一种水草，但由于其生长速度缓慢，所以很少用来造景。可使用营养丰富的水草泥来培育，尽量在最开始就多种一些。

狸藻科
网纹挖耳草
Utricularia reticulata
一种小型食虫水草。用地下茎繁殖，且其捕虫囊多附着在地下茎上。叶色黄色至绿色，叶片呈线形，可用作前景草以打造令人联想到草坪的水景。种植初期需防止虾类啃食叶片。

五加科
三裂天胡荽
Hydrocotyle tripartita
叶片呈圆形，有3个深裂。叶色为黄绿色。生长速度快，会逐渐横向伸展。适用于任何尺寸的草缸，使用频率很高。可通过频繁地换水与定期添加液体营养素以促进其生长。

睡菜科
香蕉草
Nymphoides aquatica
特点是有外形似香蕉且能储存养分的繁殖芽。在草缸中生长时，随着直径5cm左右的圆叶展开，香蕉状的繁殖芽会越来越小。剪掉水上叶可使其长出水中叶，是常用于造景的一种水草。

五加科
香香草
Hydrocotyle leucocephala
由于大而圆的叶片成展开状，所以在造景时，种在草缸的后方或角落位置比较好。容易栽培，生长速度快，但在营养不足的情况下叶片会变小。

APG 分类法

了解被子植物的现代分类系统 ❶

图鉴的意义

现在市面上有许多水草图鉴，我手头就有十多本。智能手机与电脑的出现，使得我们可以轻松地获取所需的信息。不过我最初并不是直接用电子设备查询的，而是选择翻阅水草图鉴。在编撰一本图鉴时，作者往往背负着巨大的责任，他们不辞"负重致远"，用自己所有的智慧来完成编撰，所以我很敬佩这些编撰图鉴的人。翻阅图鉴时，除了自己要查询的植物外，还会看到一些其他的种类，这个过程有助于我们进一步积累知识。

分类系统改变

2010 年以后，包括水草在内的植物分类方法出现了巨大的变化。以前，矮珍珠、小宝塔、珍珠草等水草都归属于玄参科，但在现在的图鉴中，矮珍珠归属于透骨草科，小宝塔归属于车前科，珍珠草归属于母草科。其实，在这之前就有各个图鉴上植物的学名与科名不统一的情况，这主要是因为编撰图鉴的研究人员思维方式不同导致的，可以说是"误差"的程度。但这次的改变与此完全不同。这是一个与我们之前的知识体系相去甚远的一种全新的分类法，即 1998 年首次公之于众的 APG（被子植物种系发生学组，Angiosperm phylogeny group）分类法。

什么是分类？

以大家熟悉的绿菊（竹节水松）为例，

其学名为 *Cabomba caroliniana*。学名具有唯一性，任何一个拉丁名，只对应一种植物。学名基于二名法的规则，由属名和种小名组成，即 *Cabomba* 是属名，*caroliniana* 是种小名。属是有共同祖先的植物的集合，因此同属的黄菊（*Cabomba aquatica*）、红菊（*Cabomba furcata*）与绿菊为近缘植物。

永久的分类系统

近年来，这种分类法引起了一场"革命"。随着 DNA 分析的发展，人们能够详细地调查出生物的起源及其进化过程。自从达尔文提出进化论以来，生物分类就被认为是反映生物进化过程的一种方法。但如果仅依靠外形分类，就有可能将亲缘关系远但形态相似的生物错误地分成一类，或是将亲缘关系近但形态不同的生物错误地归为两类。通过 DNA 分析，能弄清生物进化的真正路径，进而根据其进化过程做出正确的分类。

希望大家能重新梳理自己已学过的传统的分类方法，并掌握 APG 分类法。随着研究的不断深入，今后分类方法可能还会出现一些新的变化，但我认为通过 DNA 分析建立的分类体系是最精确的。也就是说，这种分类方法永不过时。

分类的乐趣

DNA 研究发现，无根萍属于天南星科。也就是说，在 APG 分类系统中，拥有世界上最大的花（花序）的巨魔芋与拥有世界上最小的花的无根萍同属于一个科，即天

---

❶ 本专栏参考和引用了田中法生先生所著的《水草を科学する》。

学名: *Cabomba caroliniana*
　　　↑属名　↑种小名
分类: 植物界—被子植物门—双子叶植物纲—睡莲目—莼菜科—水
　　　盾草属—绿菊
流通名: 绿菊
别名: 竹节水松、菊花草、水盾草、白花穗莼等

无根萍
Wolffia globosa
泽泻目 天南星科

南星科。

　　按照传统的分类法，天南星科属于天南星目，但现在它属于泽泻目。此外，水蕴草与茨藻属植物所在的水鳖科（水蕴草由茨藻科变为水鳖科）、因网草出名的水蕹科与眼子菜科都被归为泽泻目。水草中许多知名的科也属于泽泻目，并且正是APG分类法才让这些植物组成了一个"大家庭"，这让人觉得非常新鲜，也十分有趣。

　　至今为止，我一直都是通过水草图鉴去努力地记忆每种水草的种和属，以及其更往上的级别，因为总觉得以后用得到这些知识。如今APG分类法已成为主流，我也开始记忆这些知识，这是一个重新梳理知识的好机会。

　　希望大家也能多了解APG分类法，通过这种分类法掌握知识，进而深入了解这个世界，相信大家能在其中感受到更多的乐趣。

网草
Aponogeton madagascariensis
泽泻目 水蕹科

我经营的一家水族店——sensuous，位于东京都涩谷区。

致立志成为水族从业者的你

水族行业的工作

水族行业的工作就是培育动植物，因此养好它们极为重要。生物的种类不同，其培育方式也不同，这需要你既有体力，又有耐力。我希望这份有魅力的工作能有更高的社会地位，也希望这个行业能成为年轻人愿意进入的行业。想必许多看这本书的人在最初都是将造景当作一种爱好，而在造景中获得乐趣之后，便想着将水族相关的工作当作自己未来发展的另一种可能。关于与水族相关的各行业，我想谈谈其具体的工作内容以及我的建议，以供参考。

水族店等零售业

水族店各式各样，但根据其特点可以分为以下三种，即店主加几名员工组成的小型水族店、十几名或更多工作人员组成的大型水族店与家居中心内的水族店，以及以线上销售为主的店铺。每个水族店的风格都不一样，但主要目的都是销售商品，下面介绍一下它们各自的特点。

·小型水族店

由个人或是几个人经营的水族店一般规模都比较小，他们往往是以社区为基础，面向该地区的客户进行销售，大部分客户都在商圈内。小店中也有一些追求专业的店，这类店铺的特点是通过积极的线上宣传，提供线上服务，使得更多的客户能为购买商品"远道而来"，比如售卖虾与稀有水草的专卖店、金鱼专卖店等。

小型水族店一般通过线下交易来获取利润，然后通过一部分线上交易来维持店铺的运营。在这里，卖方可以直接与买方对话，买方的意见也能直接反馈给卖方，因此这是三类店铺中买卖双方距离最近的一类店，这使得卖方与买方之间建立起了亲密的信赖关系。此外，还有许多店铺运用自己的专业能力及技巧开拓业务，如提供草缸保养等服务。通过面对面销售建立的信赖关系十分坚固，有些店铺甚至会有维持达十年之久的老主顾，所以这种销售方式十分重要。

近年来出现了许多时髦的店铺，比如"小镇上的金鱼店"等，如果是以前的话，根本想不到会有这样的店铺。这些店铺看上去像杂货店一样，年轻女性与孩子们都愿意进这样的店看看。

小型水族店需要执行力强的员工，这样才能在短时间内掌握店铺经营的方法，进而担起自己作为卖方的责任。店长一职自不必说，对于梦想着自己开店的人来说，这也是一个非常适合的行业。不过这个行业的岗位有限，小店工作人员的特点就是人数少但个个能力出众，即使是新开的店铺，其业务形态也决定了它只能招募 1 ~ 2 名工作人员。如果有想去的店铺的话，最好的方法就是亲自去看看是否还招人。

· 大型水族店与家居中心内的水族店

大型水族店的占地面积广、商品种类丰富，其中包括各种生物与水族用品，其客流量比小型水族店大。大型水族店有收银处与销售部。销售部的业务还会进一步细化，比如分为热带鱼区、水草区、金鱼区、爬行动物区与水族用品区等，每个区域都有专门负

迷你水草缸的研讨会。如果你有更多的机会接触水族相关的业务，你就能扩大这个行业的范围。

责的工作人员，每个部门也一样，他们都通过自己专业的服务来吸引顾客。对于喜欢生物的人来说，大型水族店会显得格外有魅力。想必也有很多人正是因为经常光顾这样的商店，才产生了在这里工作的想法。在这个行业工作往往会出现工作时间不规律的情况。因为需要照管活体生物，所以绝大多数大型水族店都明确划分了经营管理部门与生物管理部门，这使得工作人员更能专注于自己的工作。

家居中心内的水族店的业务形式各不相同。家居中心的揽客能力与销售空间决定了水族店的客流量。水族店可能由家居中心直接经营，也可能由作为租户的专卖店来经营。此外，水族店与宠物店往往是属于同一家，因此要求员工不仅要了解鱼类，还需要掌握一些与其他小动物有关的知识。近年来出现了许多由租户运营的时髦店铺，越来越多的专卖店选择入驻家居中心。

许多与生物相关的商品都是由家居中心进行销售的，这使得店铺的工作人员可以专注于活体生物的管理、销售和客户服务。基于家居中心的运营规则，我们也需要在这些活体生物中寻找商机，预测市场未来的走向，这个行业极其需要这种敏锐的洞察力。正因为如此，如果进取心强的人想在水族行业工作的话，希望你们能时刻关注招聘信息，而且最好到附近的家居中心转转，观察它的特点，这样你也会明白自己想去怎样的店铺工作。

清流中的梅花藻（*Ranunculus nipponicus* var. *submersus*）。从事与生物相关的工作时，不仅需要在室内磨练技术，更需要实地考察，在与自然的接触中成长。

·以线上销售为主的店铺

现在网上购物十分方便，在电脑与智能手机上浏览商品，而后只需轻轻一点就能下单，没过多久包裹就能寄到你家。不论是鱼还是水草都会被精心包装好后送到，几乎所有玩水族的人都有过线上购物的经历。

在日本，虽然很多水族店也有网店，但除了一些特别的领域，几家专门从事线上运营的公司的客户数占压倒性优势。这些公司多是通过降低成本以及分工来获取稳定的利润，并雇用了大量的员工。线上店铺的工作内容多种多样，有一些工作甚至完全接触不到生物。不过，在今后的时代，这无疑会是最稳定的业态之一。此外，地方的一些专门从事线上运营的大公司的管理空间也会变大，会售卖更丰富的鱼类与水草。对于爱好生物并想从事与之相关的工作的人来说，也不失为一种选择。

待客是基础

在水族行业，无论哪种职业都是以服务为基础的。因为喜欢鱼之类的生物所以想从事这份工作，这样的动机固然好，但我希望在选择这份工作时你能重视"顾客至上"这个理念。既然要销售商品，即使是只卖一条金鱼，如果你抱着漫不经心的态度的话，就很难获得买方的信任。因此要有服务精神，需要像百货店的员工一样待客周到，而且需要行动能力强。待客的基本是正面接待客人，微笑着跟他们打招呼，而且不要忘记在说话时注视客人的眼睛。此外，说话应掷地有声。作为一名老板，我也更愿意录用那些既重视生物，又重视人际关系的员工。我在面试时会先观察他如何与人交往，然后才是专业知识的问题，因为我希望员工能重视与人的交流。

当然，掌握与生物相关的专业知识也很重要。实际上，曾经有许多人仅凭着一腔热爱而选择进入这个行业工作，但近年来有许多人是在大学接受过专业的教育之后才来工作的，比如有专攻生物学与水产学的研究生，有职业学校专攻水生生物的学生等。这种变化使得业界的整体水平得以提升，是值得欣喜的一件事。

经营者需要的是专业能力强且基础知识扎实的人才。要注意的是，如果员工只对专业领域的知识感兴趣，会给人留下负面印象，因此一定的基础知识的储备是必要的。

有些顾客是因为水族店自身的魅力而经常光顾，还有一些则是因为喜欢这里的员工而选择常来，所以如果员工擅长某一领域的话，这将是一个巨大的优势。如果不知道自己该学什么领域的知识的话，可以先想想陪伴你最久的生物是什么，这说不定会启发你。有人养过野生斗鱼；有人养过各种小型脂鲤；有人从小就养乌龟；有人养过10多种水虎鱼（食人鲳）……你可以从你的饲养经历中找到方向。你的饲养经验也会让你更有底气，而从中学到的可靠的知识会让你赢得顾客的信任。当然我最终选择了水草。

草缸的租赁与保养公司

这类公司为因繁忙而无法亲自造景或保养草缸的客户提供定期保养草缸的服务，部分客户虽然愿意制作草缸，但想把保养草缸的任务委托给其他人；还有一些选择租赁草缸一天来装饰活动现场……这样的需求越来越多，相应的服务便应运而生了。这是一个快速发展的领域，公寓、医院、公共设施入口处、银行与餐馆内的草缸几乎都是由草缸保养公司来提供服务。一旦签订合同并制作好草缸后，定期的保养就会使公司获得稳定的利润，这也是这个行业越来越热门的原因之一。

这个领域有积极开展业务且拥有许多客户的大公司，也有人数少且经营规模小的公司。还有很多地方像我经营的水族店一样，既能销售商品又能提供保养服务。最初店铺是想继续保养那些客户喜爱的草缸，最后才慢慢发展为一项新的业务。对于提供保养服务的水族店来说，绝大多数客户都来自店铺附近的商圈，比如附近的医院、餐饮店或是住在商圈附近的人。在医院及餐饮店摆放草缸想必也是因为许多人发现这么做可以让人心情平静吧。

现代人的压力大，他们渴望着回归自然，草缸或许已经成为他们的心灵寄托。保养草缸的公司通过提供这种"究极治愈"的服务来进一步吸引客户。

下面我们来看看具体的工作内容。每天需保养的草缸数在几个到十几个不等，刚开始需要适应一段时间才能承受这种辛苦。有时客户会限制保养的时间，所以要在行动前做好计划和准备，每天都是一场"真刀真枪"的较量。

在活动现场制作草缸也是一项重要的工作。如果在商业设施里制作草缸，由于不能在店铺的营业时间内开工，所以经常会在清晨或深夜的时候保养草缸，比如凌晨5点。此外，为制作草缸，有时还会连续几日通宵工作。

草缸保养公司的员工可谓是实践派，也就是说员工会在工作中不断试错以提升自己的能力，最终自然就掌握了高超的技术。有进取心的员工将在工作中不断磨练技术，然后迎接更具有挑战性的工作。这个行业的工作非常充实，在努力的同时，也能收获快乐与感动。

水族店在招聘时往往更重视员工的体力和品位，而不是专业知识。假如有客户委托员工在草缸里养一些好养的鱼，而且要保证鱼的状态良好，这时重点并不在于让斗鱼大量繁殖，客户真正想要的是让草缸看起来更为美观，这并不是一个简单的要求。那么员工在工作时就要考虑如何才能让草缸更为美观，如何才能让它兼具趣味性与震撼力。在不断摸索的过程中，员工会越来越得心应手，自己的审美能力也会得以提升，这样的人想必今后会越来越多吧。换句话说，老板希望员工在任何情况下都不会感到忧愁，始终能心怀希望。此外，还希望员工能尽量多看一些草缸，找出其优点与不足，思考弥补不足的方法，并用语言或是设计图来明确地表达自己的思想。

这个行业的资格证与造景业的相同，建议你早一点准备，因为你不知道以后会遇到什么样的工作。此外还需要员工考取驾照，因为平时都是用车来搬运那些保养草缸用的工具，所以在能考的时候就抓紧去考吧！

观赏鱼批发店

少有人知道在东京近郊有好几家观赏鱼

批发店，店里有来自世界各地的热带鱼。我们这些从事水草造景或是保养工作的人都会在下单后让批发商配送需要的热带鱼、水草以及相关器具等，或者亲自去店里采购。在职业学校的教学中，在草缸里养鱼之前，学生们需要去批发店看看鱼的情况后再决定买不买。我还记得当时学生们都炯炯有神地注视着批发店里的鱼，在将买好的鱼放入草缸之后，我能清晰地感受到他们的喜悦以及对造景的热爱。总之，对于特别喜欢鱼的人来说，批发店算是最合适的工作场所。

数百个鱼缸，一眼望去全是观赏鱼的身姿。批发店的主要工作是查看从原产地及养殖场运过来的鱼类的身体状况，然后适当地进行管理，再将鱼运往各个销售地点。且比起在水族店，鱼自身的情况与观赏鱼批发店后期的管理在一定程度上会影响鱼的身体状况。批发商各有其独特的管理方法，因此鱼的健康程度也会有差异。对于进货商来说，鱼是否健康，批发店是如何管理鱼的，这两点是进货的判断标准。要想在批发店工作，就要学好鱼类管理技术。

对于想要学习鱼类管理技术的人来说，这里是很好的工作场所，每天可以一边看着很多观赏鱼一边工作。此外还有一些额外的工作内容，鱼缸的清洁自不用说，还有包装货物、与零售店的交易、海外订购等的进口业务等，工作内容丰富，十分考验人的能力。而且由于一年四季都与水"打交道"，因此体力非常重要，你可以现在就开始锻炼身体。这里零售的生意也十分重要，因此你还要锻炼沟通能力。在日本，为了提升能力，你需要考观赏鱼饲养管理师这个资格证，此外在搬运进口的鱼类或是将商品运送给客户时都需要驾车，所以也需要考取驾照。

水族用品制造商

虽然这是一个很少直接接触活体生物的行业，但这也是与生物相关的工作，主要是经营与热带鱼、水草和金鱼等相关的饲养用具。

经常有水族用品制造商的员工来我的店里，我也总是期待他们能过来与我交流，比如谈谈现在热销的商品与即将推出的新商品，还有商品改良的问题，或交流一下其他店的营业状况等。总之话题非常丰富。特别是其他店的营业情况，这非常重要，通过比较可以更好地改善自身的缺点，然后制定今后的目标。在这类公司工作非常辛苦，经常需要想各种办法来卖出自家的商品，但入职的人大多都喜欢生物，有许多在水族店工作的人最后都跳槽到这类公司，因此它们与造景业关系密切。

有许多做生意的人会在获得观赏鱼饲养管理师与宠物饲养管理师的资格之后，将其写在自己的名片上。当然，这个行业还是注重销售能力的，不要忘了待客时面带微笑，还有与客人打招呼，这是基本的职业素养。也就是说，与水族店的工作一样，待客的技巧也是非常重要的。

其他水族相关的工作

其他工作是在水族馆、养殖场、采集业与潜水店等的与鱼类相关的工作。此外，出版与水族相关的杂志、书籍等刊物的出版社也与这个行业有很深的关系。在这样的出版社，你越是有这方面的知识与兴趣，你就越能在采访中深入地了解造景师及整个行业。而且如果你能根据自身经验预测出读者想要的信息的话，那么你一定能在这个行业大展

这是笔者受委托在客户家中制作的草缸（长120cm×宽45cm×高60cm）。不仅要满足客户的要求，还要考虑整个房间的氛围以及这个家庭的生活方式。用心灵去寻找美，用经验去造美景。

身手。总而言之，与造景、鱼类与水草相关的工作非常多。

前进，前进，还是前进

希望你能心怀梦想与希望，不断前进。

如果你对此感兴趣，那就开始行动吧。即使一时无法实现你的愿望，但只要有目标，你就能不断前进，开拓出一条道路。希望大家能在与生物相处的过程中感受到这份工作的快乐。

日本与水族业相关的资格证

观赏鱼饲养管理师

这是日本水族行业唯一公认的资格证，是由日本观赏鱼振兴事业协同工会负责与管理的一项考试。可以学到与水族业相关的全部知识，推荐想在水族店工作的人考取该资格证。今后如果想继续在水族业工作的话，考取这个资格证有助于进一步提升能力。日本的部分职业学校有针对没有实际工作经验的学员的基本课程，可通过听课学习这方面的知识。

宠物饲养管理师

这是由日本宠物协会负责与管理的一项考试。许多水族店也会售卖小动物，特别是爬行动物与两栖动物。在日本，有了这个资格证，无需实际经验就可申请成为动物管理负责人。考试内容不涉及鱼类，但如果从事与生物相关的职业的话，可选择考取该资格证。在备考的过程中可以收获知识，提升能力。

群落生境管理师

这是由日本生态系统协会负责与管理的一项考试。在日本环境省、国土交通省与农林水产省等中央省厅以及各地的地方自治体，都将其作为投标业务的条件与评价技术人员的标准。这是基于保护、恢复及打造区域自然生态系统的理念，以野生动物调查为基础，从事设计或施工时所必需的资格证。我认为今后水族行业也应参与这个领域的工作，因为那里可以运用水草造景的技术。取得资格证不仅对工作有帮助，还能提升你的社会地位。

生物分类技能审定考试

这是由日本财团法人自然环境研究中心负责与管理的一项考试。顾名思义，这是与野生动物分类知识相关的考试。二级分为动物、植物、水生生物，一级则进一步分为各个专业领域。与群落生境管理师一样，拥有该资格证可申请日本环境省的一般竞争（指名竞争）的参加资格。此外，在日本林野厅与地方自治体等政府机关与自然环境有关的调查、保护等工作中，获得该资格证可得到投标资格。虽然合格率很低，但考虑到今后水族店的工作，还是有考的价值。

机动车驾驶证

将草缸交付客户时，或将草缸运送至指定保养地点时，又或者从观赏鱼批发店搬运货物时都需要驾照。当然有了驾照生活也会十分便利，建议尽早考取驾照并熟悉驾驶。

结 语

我为什么对水草感兴趣？

我以前从没想过这件事。虽然出生在城市里，但我从小便喜欢亲近动植物。我曾经养过乌龟，在小学的毕业作文中，我的梦想是成为上野动物园的一名乌龟饲养员。

从某种意义上说，我的梦想算是成真了。我虽然资历尚浅，但在良好的环境中，我遇到了许多不错的人，每天能开开心心地工作，而我最终在众多的工作里选中了水草。刚开始对水草感兴趣的时候，我向水草专卖店的店长请教了很多培育水草的方法。而后他鼓励的话语、我在观赏鱼展览会上的获奖经历都极大地鼓舞了我。我就这样慢慢地成长，曾为 CO_2 添加装置对水草的积极影响而欣喜不已，也曾为售卖水草而用镊子将几百根水草一根一根地栽培到底床上，这样的日子有苦也有甘甜。

我是在近几年才有了巨大的成长。不仅在水草造景与水草的培育技术上有了突飞猛进的变化，还制作出了许多艺术作品。此外，为调查水草的分布状况并采集水草以进行展览，我在安昙野、西表岛等地，甚至巴西亚马孙河的潘塔纳尔湿地进行水草的研究与调查。我越发陷入对水草的热爱之中，至今仍未"脱身"。

我很享受换水、培育水草带给我的乐趣，选择鱼类、沉木与岩石也很有趣，总之只要涉及造景，一切都会变得有趣起来。"切身感受当兴趣变为爱好时的幸福与快乐"——这是我经常给职业学校的学生们说的一句话。"发自内心的话语与经验是有分量的，是值得信赖的"，我时常这样想，今后我也会在培育水草这条路上一直走下去。

近年来，野生生物可以栖息的生存空间，即群落生境（Biotope）这个词语已不再陌生，保护稀有物种、管控与监测外来入侵物种的重要性也屡被提及。现在，草缸也已经成为各种生物栖息的场所之一，这里就像是一个被封锁在密闭容器里的小型地球一样，微缩着令我们感动、惊喜的景观。而且正因为是在水里，我们才能了解到许多事情，比如环境保护问题、外来入侵物种的问题等。

希望今后能在草缸里奏响以水、绿与生物为音符谱写出的完美三重奏，治愈人们的心灵……

H2 有限公司代表兼 SENSUOUS 水族店店长
早坂诚

参 考 文 献

角野康郎（2014）. ネイチャーガイド　日本の水草　株式会社文一総合出版
大滝末男・石戸忠（2007）. 復刻版　日本水生植物図鑑 株式会社北隆館出版
角野康郎（1994）. 日本水草図鑑　株式会社文一総合出版

作者简介

早坂诚
MAKOTO HAYASAKA

1971 年出生于东京都，为日本水族公司——H2 有限公司的代表，也是东京涩谷的水族店 SENSUOUS 的店长。作为一名水草造景师，引领着行业的发展，是当之无愧的先驱。从 2001 年开始发表水草造景作品。为许多电视节目与活动制作过草缸，这其中也包括日本晨间连续剧《海女》里，海女咖啡厅中出现过的草缸。2016 年 6 ～ 7 月担任 NHK 教育频道"草缸与生态瓶"的讲师，目前在一所职业学校担任水族馆·水草造景专业"水草造景"课程的讲师。获得日本观赏鱼饲养管理师 2 级、群落生境规划管理师 2 级（Junior Biotope Planners）、群落生境施工管理师 2 级（Junior Biotope Builders）与宠物饲养管理师 2 级等资格证。